JN436779

CNC 선반 프로그래밍 및 가공

최 하 영 著

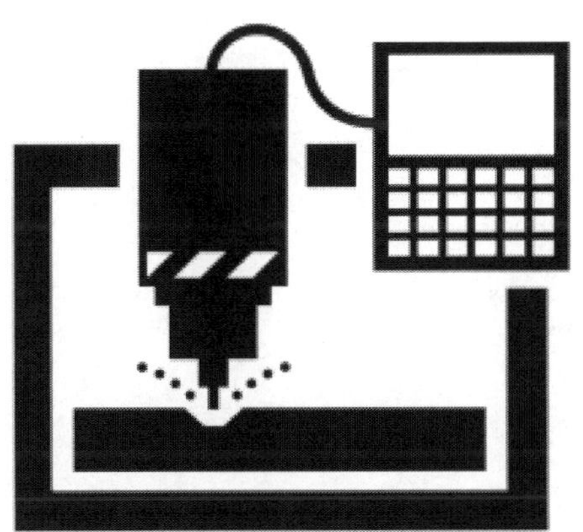

에듀컨텐츠·휴피아
ECH Educontents Huepia

에듀컨텐츠·휴피아
ECH Educontents·Huepia

들어가는 말

최근 기계 부품산업에서 제조 회사는 소비자의 다양한 요구를 맞추기 위해 고정밀화, 품질의 균질성, 생산성 향상 등이 필요하고, 인건비, 생산원가 등이 증가되고 있으며 경쟁 또한 심화되어 가고 있다. 이러한 점을 극복하기 위해 생산현장에서는 자동화, 무인화, 고정밀화, 성력화, 고속화 등을 만족시킬 수 있는 CNC 공작기계의 활용이 지속적으로 커지고 있다. 따라서, 산업현장에서 CNC 가공 기술 인력의 수요가 증가되고 있기 때문에 CNC 공작기계 중 CNC 선반의 국가기술 자격시험인 컴퓨터응용 선반기능사 실기시험을 대비하는 수험자나 실무자가 쉽게 이해할 수 있도록 하고자 하였다. 본서의 구성은 CNC 선반의 개요, CNC 선반 조작 방법 및 프로그래밍 방법, 실습용으로 많이 사용되고 있는 시뮬레이터 V-CNC 사용방법 등으로 구성되어 있다. 다양한 예제를 통하여 쉽게 이론과 실무를 익힐 수 있도록 하였다.

본서가 수험자 및 초보자에게 조금이나마 도움이 되었으면 하는 바람이다.

끝으로, 이 책의 출간을 위해 많은 도움을 준 에듀컨텐츠휴피아의 이싱렬 대표 이하 임직원 여러분께 감사의 말을 전한다.

2017년 10월
저자 씀

차 례

에듀컨텐츠·휴피아
ECH Educontents·Huepia

CNC 선반 프로그래밍 및 가공

최 하 영 著

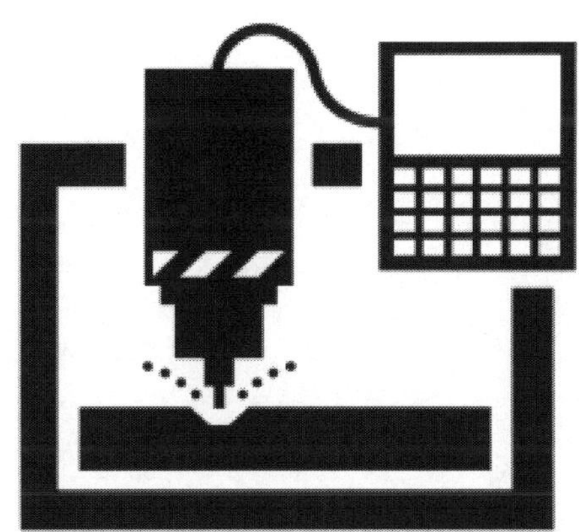

에듀컨텐츠·휴피아
ECH Educontents Huepia

제1장 CNC 선반의 개요

CNC 선반은 절삭가공을 하는 대표적인 CNC 공작 기계로써 내·외경 가공, 테이퍼 가공, 단면 가공, 홈 가공, 나사 가공 등의 작업을 수행한다. 고속정밀 생산을 위해서 1주축 2터릿 공구대의 4축 제어 선반과 2주축 2터릿의 4축 제어 선반 등이 개발되어 있으며, 산업용 로봇과 결합하여 생산의 자동화와 무인화가 가능하다. CNC 선반은 다음과 같은 특징을 가지고 있다.

- 가공 제품의 균일성
- 고정밀도의 테이퍼 및 곡면가공
- 생산능률의 향상
- 작업자의 높은 숙련도를 요구하지 않음
- 대량생산으로 생산성의 향상
- 고장부위 자기진단

작업공정을 설정시 소재는 공정별 척킹 부위와 재료의 성질에 따른 척킹압력을 결정하고 고정한다. 공작물의 크기와 가공량에 따라 기종을 선정하고 각종공구의 간섭을 체크한다. 외경 황·정삭, 내경 황·정삭, 홈, 나사, 센터드릴 등 각 공정별 가공 부위를 결정한다.

1. CNC 가공의 절삭 조건

작업자가 공작 기계를 조작하여 제품을 가공할 때, 절삭률에 영향을 미치는 여러 종류의 요소들을 절삭 조건이라 한다. 절삭조건은 절삭 공구의 재질 및 형상, 가공물의 재질, 절삭 속도, 절삭 깊이, 이송, 절삭유제의 사용 여부 등이 포함된다. CNC 선반 가공에서 가공물 재질에 따른 절삭 조건은 표 1.1이다.

가. 절삭 속도

절삭 속도가 증가하면 가공물의 표면 거칠기가 좋아지고 가공 시간도 단축 되지만 절삭 공구와 가공물의 마찰력 증가로 인하여 절삭 온도가 상승되어 절삭 공구 수명이 단축된다. 회전체의 경우 절삭 속도(V)는 다음과 같다.

$$V = \frac{\pi DN}{1000} \qquad N = \frac{1000\,V}{\pi D}$$

V: 절삭 속도(m/min) D: 피삭재 직경(mm)

N: 피삭재의 분당 회전수(rpm)

재질별 적정 조건

	절삭속도(m/min)		
일반강	100 (초경)	150~200 (초경코팅)	200~300 (써메트)
열처리강	20~30 (초경)	30~100 (흑세라믹)	120~200 (CBN)
주철	50~100 (초경)	100~300 (초경코팅)	300~800 (세라믹)
알루미늄	100~300 (초경)	300~1000 (다이아몬드)	

CNC 선반의 가공물의 재질에 따른 절삭 조건

재질	구분	절삭 깊이	절삭속도	이송속도
탄소강 인장강도 60(kg/㎟)	황삭 정삭 홈파기 드릴	3~5 0.2~0.5	130~160 170~220 90~110 ~25	0.3~0.4 0.1~0.2 0.08~0.2 0.1~0.2
특수강 인장강도 140(kg/㎟)	황삭 정삭 홈파기	3~4 0.2~0.5	100~140 140~180 70~100	0.3~0.4 0.1~0.2 0.05~0.2
주철 (HB 150)	황삭 정삭 홈파기	3~4 0.2~0.5	120~150 140~180 80~110	0.3~0.5 0.1~0.2 0.1~0.2
알루미늄	황삭 정삭 홈파기	3~4 0.2~0.5	400~1000 700~1600 350~1000	0.3~0.4 0.1~0.2 0.08~0.2
청동 황공	황삭 정삭 홈파기	3~4 0.2~0.5	150~300 200~500 150~200	0.2~0.4 0.1~0.2 0.1~0.2
스테인레스강	황삭 정삭 홈파기	3~4 0.2~0.5	90~130 0.1~0.2 0.08~0.15	0.2~0.35 0.1~0.2 0.08~0.15

나. 절삭 깊이

일반적으로 절삭 깊이가 커지면 절삭 온도와 절삭 저항의 상승으로 인해 절삭 공구의 수명에 영향을 미친다.

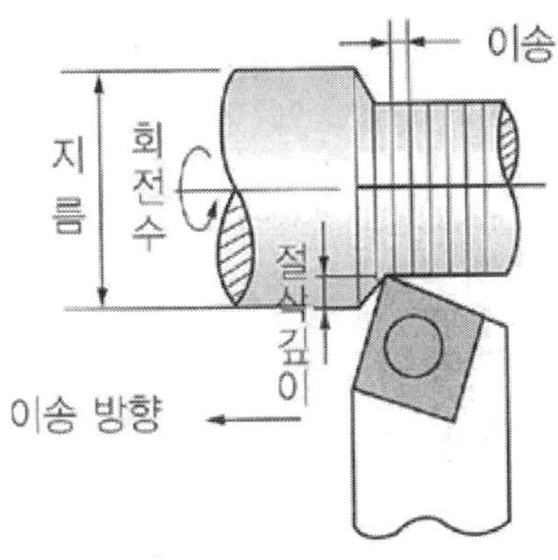

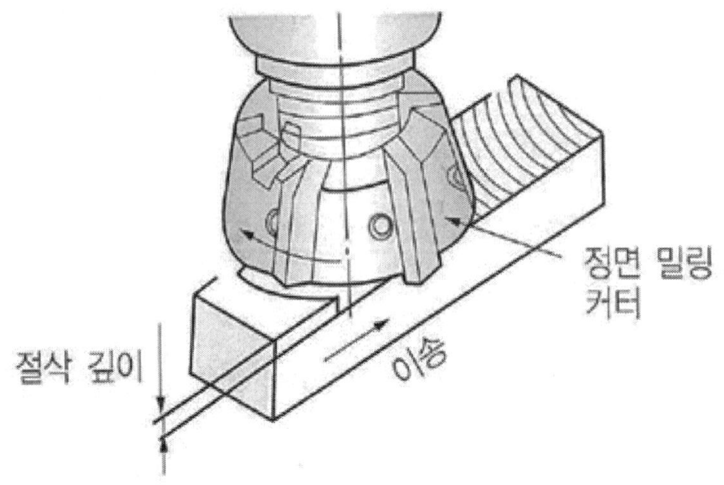

다. 절삭 면적

절삭 면적은 절삭 깊이와 이송의 곱이고, 동일한 절삭 면적임에도 이송과 절삭 깊이의 변화에 따라 절삭 저항은 변한다. 절삭 면적은 다음 식과 같다.

$$F=s\times t \ (mm2)$$

F: 절삭 면적(mm2), s: 이송(mm/rev), t: 절삭 깊이(mm)

라. 이송 속도

이송운동(feed motion)의 속도이며, 선삭에서는 주축 1회전에 대한 이송[mm/rev]이다.

마. 절삭유

절삭유의 종류에는 냉각성이 우수한 수용성 절삭유와 윤활성이 우수한 불 수용성 절삭유가 있다. 일반적으로 CNC 선반에는 수용성 절삭유 W1종을 사용하며 20배의 물에 희석하여 사용한다. 절삭유 사용의 장점은 다음과 같다.

① 공구의 인선의 냉각으로 공구 수명의 연장
② 가공물의 냉각은 열에 의한 변형을 줄여 치수 정밀도를 향상
③ 공구와 가공물 사이에 마찰 감소에 의해 절삭 저항 감소
④ 절삭을 방해하지 않도록 칩의 제거를 원활히 함으로써 절삭 능률 향상

2. CNC 선반의 절삭 현상

가. 칩의 기본 형태

절삭 공구의 형상, 피삭재의 재질, 절삭 속도, 절삭 깊이, 이송 등에 따라 칩의 형태를 유동형 칩, 전단형 칩, 열단형 칩, 균열형 칩으로 일반적으로 분류한다.

표 2.1 절삭 조건과 칩의 형태

구분	피삭재의 재질	공구의 경사각	절삭 속도	절삭 깊이
유동형	연성	대	대	소
전단형	↓	↓	↓	↓
열단형	↓	↓	↓	↓
균열형	취성	소	소	대

나. 절삭비

유동형의 절삭에서 재료의 절삭 상태가 좋은 경우 칩이 길고, 두께가 얇게 된다. 피삭 재료의 절삭 정도가 좋고 나쁨을 판단하는 기준으로 절삭비가 사용된다.

$$r_c = \frac{t_1}{t2}$$

r_c: 절삭비, t_1: 절삭 두께(mm), t_2: 칩 두께(mm)

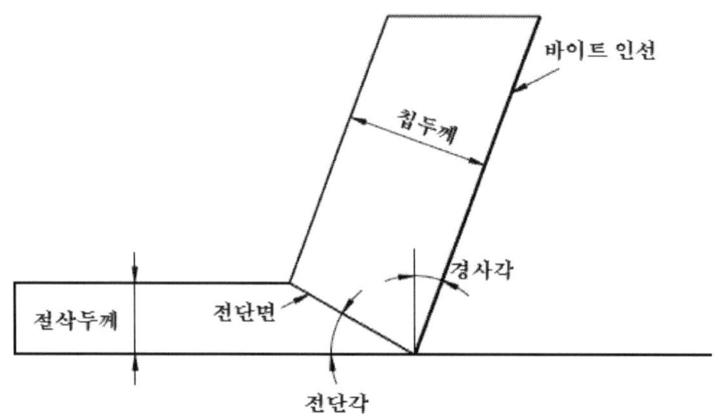

다. 절삭 저항

공구가 공작물에 소성 변형을 주어 공작물 표면에서 칩을 분리시켜 공작물을 절삭할 때 공작물로부터 공구가 받는 저항이 절삭 저항이다. 절삭 저항은 가공물의 재질이 단단할수록 크고, 절삭 면적이 클수록 크다. 절삭 속도가 클수록 절삭저항이 감소하고, 공구 날 끝의 모양이 직선에 비하여 둥글수록 절삭저항이 크다. 선반가공에서 절삭 저항은 주분력, 배분력, 이송분력으로 나누고 다음과 같다.

주분력 : 주분력은 절삭 방향과 평행한 분력을 말하며 공구의 절삭 방향과 반대 방향으로 작용한다. 주분력은 배분력과, 이송분력보다 크고 공구 수명과 관계가 깊다.

배분력 : 배분력은 절삭 깊이에 반대 방향으로 작용하며, 주분력에 비해 매우 작다.

이송분력 : 이송분력은 이송 방향과 반대 방향으로 작용하며 횡분력이라고도 한다.

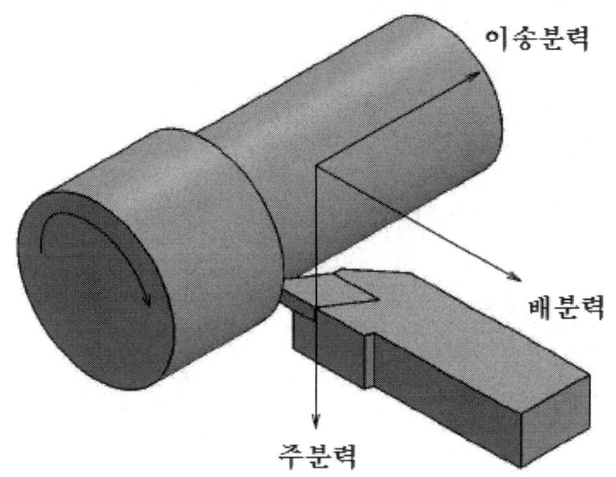

라. 가공범위

CNC 선반은 원통의 내 외경 가공, 내 외경 나사가공, 홈가공, 단면가공, 전단가공, 드릴링 공정 등을 할 수 있다. 유압에 의한 연동척으로 공작물을 고정하므로 편심가공은 불가능하다.

마. CNC 선반의 특징

작업자가 CNC 선반에 공구의 장착, 공작물 좌표계 설정, 공구보정 등을 설정하고, 공작기계가 NC 프로그램에 의해 자동 운전되므로 균일한 품질의 제품을 신속하고 정확하게 생산할 수 있다. CNC 선반의 장점을 다음과 같다.

① 공작기계 운전에 고도의 숙련이 불필요하다.
② 다양한 절삭공정을 자동으로 신속하게 처리한다.
③ 고품질의 제품을 대량 생산할 수 있다.
④ 자가진단이 가능하여 공작기계 및 프로그램의 이상 발견이 용이하다.
⑤ 일정한 절삭속도로 제어하여 가공할 수 있어 표면조도가 우수하다.
⑥ 복잡한 곡면 윤곽가공이 가능하다.

3. CNC 선반의 구조

가. CNC 선반의 구성 요소

CNC 선반의 주요 구성 요소는 다음과 같다.

- 컨트롤러 : 명령을 처리하여 제어
- 강전반 : 기계의 구동, 공구 선택, 주축 제어
- 서보 기구 : 정밀도와 아주 관계가 깊은 X, Z 등 각 축을 제어
- 기계 본체 : 베드, 칼럼 등 기계의 골격
- 볼 스크루 : 회전 운동을 직선 운동으로 바꾸어 주는 장치

CNC 선반

나. CNC 선반의 주요 구성품

(1) 주축대(Head Stock)

주축대는 주축(Main Spindle)과 주축의 회전을 위한 장치들로 구성되어 있다. 주축은 중공축을 사용하며 유압척이 장착되어 있어 긴 공작물도 공정할 수 있다.

주축대

(2) 베드

베드는 왕복대와 심압대를 지지하고 안내를 한다. 경사베드가 베드형상이 단순하면서 강성이 우수하고, 칩 처리도 더 용이하기 때문에 수평형 베드보다 경사 베드를 대부분 사용한다.

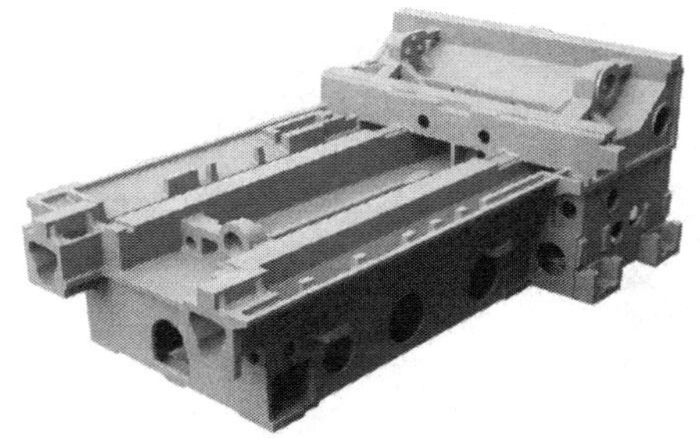

베드

(3) 심압대(Tail Stock)

심압대는 가늘고 긴 공작물이나 축 종류의 공작물을 가공할 때 휨, 떨림, 이탈 현상이 발생되는 것을 방지하기 위하여 공작물 원주 중심을 지지하는 장치이며, 대부분 유압식이나 공기압식이 사용된다.

회전센터와 데드센터가 있으며 주로 회전센터가 사용되며 회전센터는 공작물과 같이 회전한다. 반면, 데드센터는 공작물이 가볍고 비교적 회전수가 느릴 경우에 사용하며, 회전하지 않고 미끄럼마찰을 한다. 센터의 각도는 보통의 경우는 60°로 사용하고, 대형 공작물의 경우는 70°～90°로 사용한다.

심압대

(4) 공구대

공구대는 크게 터릿(Turret) 타입과 갱(Gang)타입 공구대가 있다. 일반적으로 터릿 타입이 사용되고 있으며, 공구 교환 시간 단축을 위해 유압식보다는 전기식을 많이 사용하고 있다.

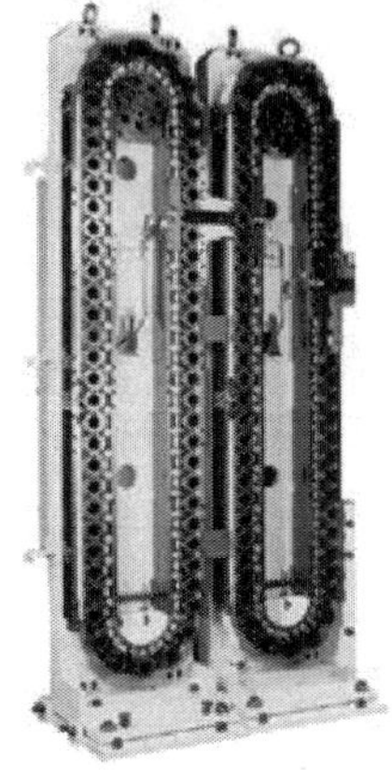

터릿 타입 공구대　　매거진 타입 공구대　　갱 타입 공구대

〈선반 공구대의 종류〉

(5) 왕복대

왕복대는 베드 위에 설치되며, 주로 서보 모터와 볼 스크루(Ball Screw)에 의해 이송된다. 볼 스크루는 백래시(Back-Lash)가 생기지 않도록 하는 방식이 적용한다.

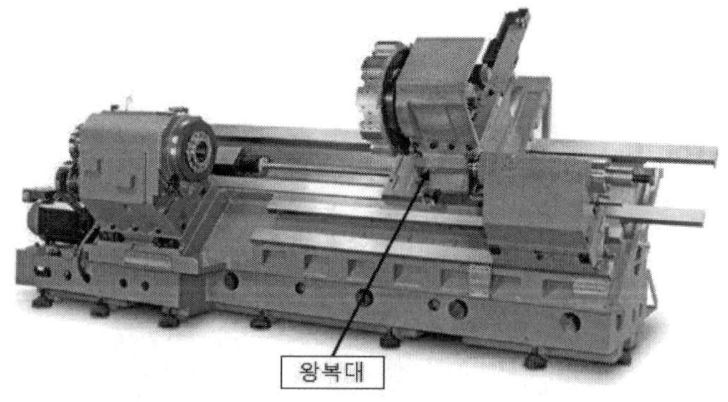

왕복대

(6) 척과 조

공작물을 고정하는 척은 유압으로 작동하는 유압척과 공기압력으로 작동하는 공압척 등이 있으며, 주로 유압척이 사용된다. 조가 공작물을 고정하여 회전시 조의 물림 압력이 저하되지 않도록 로터리 실린더를 이용한다. 조의 종류는 열처리된 하드 조(Hard jaw)와 열처리되지 않은 소프트 조(Jaw)가 있으며, 소프트 조(Jaw)가 공작물의 형상에 따라 가공하여 사용할 수 있어 주로 사용된다.

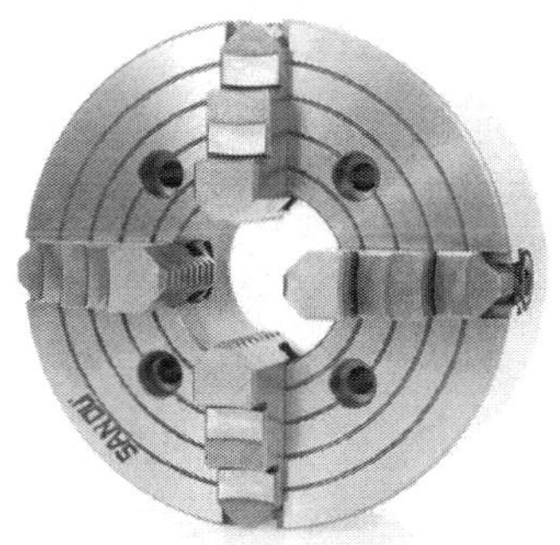

척과 조

(7) 조작반

기계를 작동시킬 수 있는 조작버튼 부분 및 스위치가 있는 부분이며 프로그램을 입력, 편집, 삭제 등을 할 수 있고 필요한 운전 정보를 출력시켜서 작업자가 직접 확인할 수 있도록 DKU(display keyboard unit) 등으로 구성되어 있다.

다. CNC 선반 공구선택하기

CNC 선반의 공구선택은 공구 카탈로그를 참고하여 공구 홀더 및 인서트 팁 등의 규격을 확인하고 사용한다. 가공 방법에 따라 공구를 선택하고, 공구의 절삭조건을 확인하여 프로그램을 작성한다. 절삭조건은 가공 경험을 통해 최상의 절삭 조건을 찾아낸다.

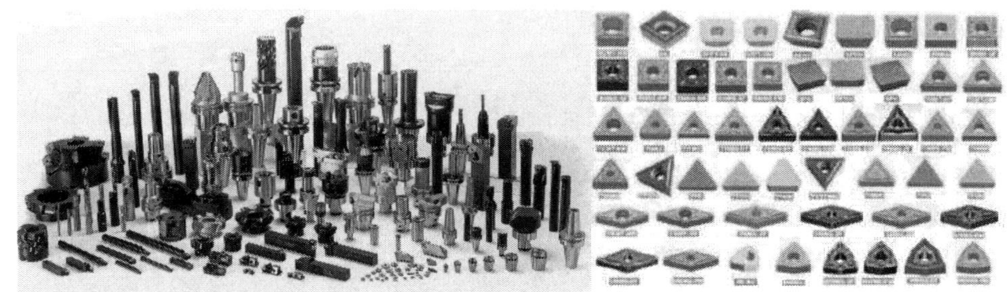

각종 공구

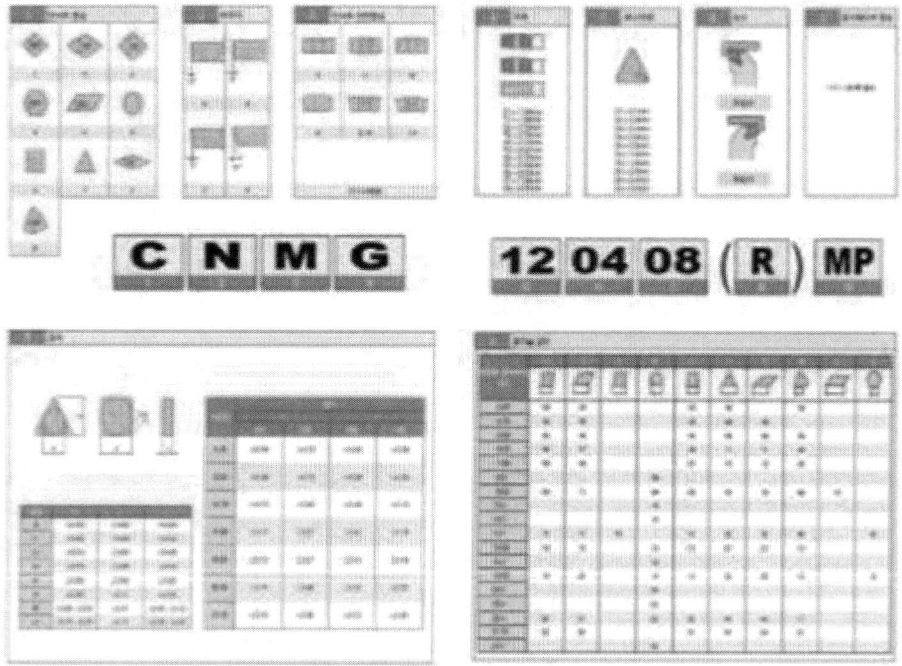

각종 인서트 규격선정법

라. CNC 선반 공구선정

절삭 공구는 고온 경도, 내마모성과 인성을 갖추어야 한다. 절산공구는 드로우어웨이 타입을 많이 사용한다. 절삭 공구의 선정은 규격화되어 공구 관리가 용이하고, 마모 및 파손으로 인하여 공구를 교환할 때 소요 시간을 줄일 수 있다.

(1) 공구 재종

절삭 공구로 사용되는 재료에는 탄소 공구강, 고속도강, 주조 경질합금, 초경합금, 세라믹, CBN, 서멧, 다이아몬드 등이 있다.

(2) 도면을 보고 작업 공정 선정

외경 막깍기 가공	⇨	외경 다듬질 가공	⇨	외경 홈 가공	⇨	외경 나사가공

(3) 공구선택의 순서

① 공작물의 가공부위를 결정한다.

② 공작물의 크기와 황삭 가공량에 따라 기종을 선정한다.

③ 공정을 구분한다.

각 공정(1차 공정, 2차 공정, 3차 공정 ... 등)의 가공부위 결정

가공 완료 후 정밀도를 생각한다.

각 공정에서 클램핑(Clamping) 부위 및 지그(Jig)를 결정한다.

클램핑 부위의 폭과 두께, 척킹(Chucking) 압력을 결정하고 이를 고려하여 절입량을 결정한다.

④ 각 공정의 공구를 선정 한다.

공작기계의 기종에 맞추어서 생크의 크기를 결정한다.

가공방향에 따라 공구의 종류와 용도를 결정한다.

공구의 규격을 선정한다.

(4) 절삭 공구

① 절삭 조건표

재질	구분	절삭속도 (V) (m/mim)	절삭깊이 (D) (mm)	이송속도 (F) (mm/rev)	공구 재질
탄소강 (인장강도 60kg/mm^2)	막깍기 중삭 다듬질 나사 홈가공 센터드릴 드릴	150~180 160~200 200~220 100~120 90~110 1400~2000 (rpm) 25	3~5 2~3 0.2~0.5 - - - -	0.3~ 0.3~0.4 0.08~0.2 - 0.05~0.12 0.08~0.15 ~0.2	P10~20 P10~20 P01~10 P10~20 P10~20 HSS HSS
합금강 (인장강도 60kg/mm^2)	막깍기 다듬질 홈가공	120~140 140~180 70~100	3~4 0.2~0.5 -	0.3~0.4 0.08~0.2 0.05~0.1	P10~20 P01~10 P10~20
주철	막깍기 다듬질 나사 홈가공 센터드릴 드릴	130~170 150~180 90~110 80~110 1400~2000 (rpm) 25	3~5 0.2~0.5 - - - -	0.3~0.5 0.08~0.2 - 0.06~0.15 0.08~0.15 ~0.2	P10~20 P01~10 P10~20 P10~20 HSS HSS
알루미늄	막깍기 다듬질 홈가공	400~1000 700~1600 350~1000	2~4 0.2~0.4	0.2~0.4 0.08~0.2 0.05~0.15	K10 K10 K10
청동 황동	막깍기 다듬질 홈가공	150~300 200~500 150~200	3~5 0.2~0.5 -	0.2~0.4 0.08~0.2 0.05~0.15	P10~20 P01~10 P10~20
스테인리스 강	막깍기 다듬질 홈가공	90~130 140~180 60~90	2~3 0.2~0.5 -	0.2~0.35 0.06~0.2 0.05~0.15	P10~20 P01~10 P10~20

② 외경 툴 홀더 규격 선정

P	S	K	N	R	25	25	M	12	Q
①	②	③	④	⑤	⑥	⑦	⑧	⑨	⑩

번호	구 분	내 용
①	클램핑 방식	P: 일반 막깍기용으로 사용 C: 절삭량이 많은 막깍기용으로 사용 M: P와 M을 결합. 중절삭용으로 적합 S: 다듬질 가공, 내경가공용 W: 모방 절삭에 사용
②	인서트 팁 형상	원형, 정사각형, 정삼각형, 마름모형 각도가 클수록 강성 증가
③	절입각	절입각이 작을수록 공구 수명은 증가하지만 떨림 형상이 발생
④	인서트 여유각	여유각이 크면 강도가 저하되고 절삭저항이 감소, 다듬질은 크게 한다.
⑤	승수	왼손, 오른손, 중간
⑥	생크 높이	공구 바닥면에서 팁까지의 높이
⑦	생크 폭	높이 직각 방향의 폭
⑧	생크 전체 길이	공구의 전체 길이
⑨	절삭날 길이	인서트 팁의 절삭날 길이
⑩	생크 공차	생크의 공차를 표시

③ 인서트 립(Insert Tip) 규격 선정

T	N	M	G	16	4	8	B25
①	②	③	④	⑤	⑥	⑦	⑧

번호	구 분	내 용
①	인서트 팁 형상	R, S, T, C, E, D, V, W, L, K의 10개 형상이 있음
②	인서트 팁 여유각	여유각이 크면 강도가 저하되고 절삭저항이 감소, 다듬질은 크게 한다.
③	공차	팁의 공차를 표시
④	단면 형상	인서트의 단면 형상을 나타냄
⑤	절삭날 길이	날의 길이
⑥	인서트 두께	내접원 크기
⑦	날끝 R	날 끝 반지름
⑧	칩 브레이커	칩 브레이커의 형상

④ 내경 툴 홀더(보링 바 규격 선정)

S	12	M	-	S	T	F	P	R	11
①	②	③	-	④	⑤	⑥	⑦	⑧	⑨

번호	구 분	내 용
①	보링 바의 재질	S: 스틸 A: 스틸-절삭유 구멍 C: 초경 E: 초경-절삭유 구멍
②	보링 바의 지름	내경 슬리브에 들어가는 지름
③	보링 바의 길이	보링 바의 전체 길이
④	클램핑 방법	S, P, C, CW의 4가지가 있음
⑤	인서트 팁의 형상	왼손, 오른손, 중간
⑥	절입각	절입각이 작을수록 공구 수명은 증가하지만, 떨림 현상이 발생
⑦	인서트 여유각	여유각이 크면 강도가 저하되고 절삭저항이 감소, 다듬질은 크게 한다.
⑧	승수	왼손, 오른손, 중간
⑨	절삭 날 길이	인서트 팁의 절삭 날 길이

(5) CNC 선반 공구 규격의 선정

① 공구 홀더의 규격 선정

절삭공구는 절삭 과정에서 절삭력에 의해 걸리면 외팔보와 같은 처짐이 발생하기 때문에 절삭력을 충분히 견딜 수 있는 공구 홀더의 크기와 형상을 고려하여 공구 홀더 규격에서 가공부위에 적합한 것을 선정한다.

② 인서트 팁의 규격 선정

인서트 팁은 가공물의 재료와 절삭 조건, 정밀도에 적합한 재종, 칩 브레이커의 형상, 인선반지름을 선정하고 요구하는 정밀도를 얻을 수 있는 인선 반지름의 크기를 선정하여야 한다. 인서트 팁을 선정할 때 다음과 같은 사항을 고려한다.

- 인서트 팁의 코너각이 클수록 강도가 커지기 때문에 코너각이 큰 인서트를 선정한다.
- 공구의 인선 반지름이 커지면 강도, 공구 수명, 표면 조도가 향상되므로 가능한 인선 반지름이 큰 것이 좋다.
- 인서트의 크기는 가능한 최소의 크기로 하고 최대 절삭깊이는 인선 길이의 1/2 정도로 한다.

바이트와 인서트 팁

가. 공구 선정

(1) 인서트 팁(Insert Tip) 규격 선정법

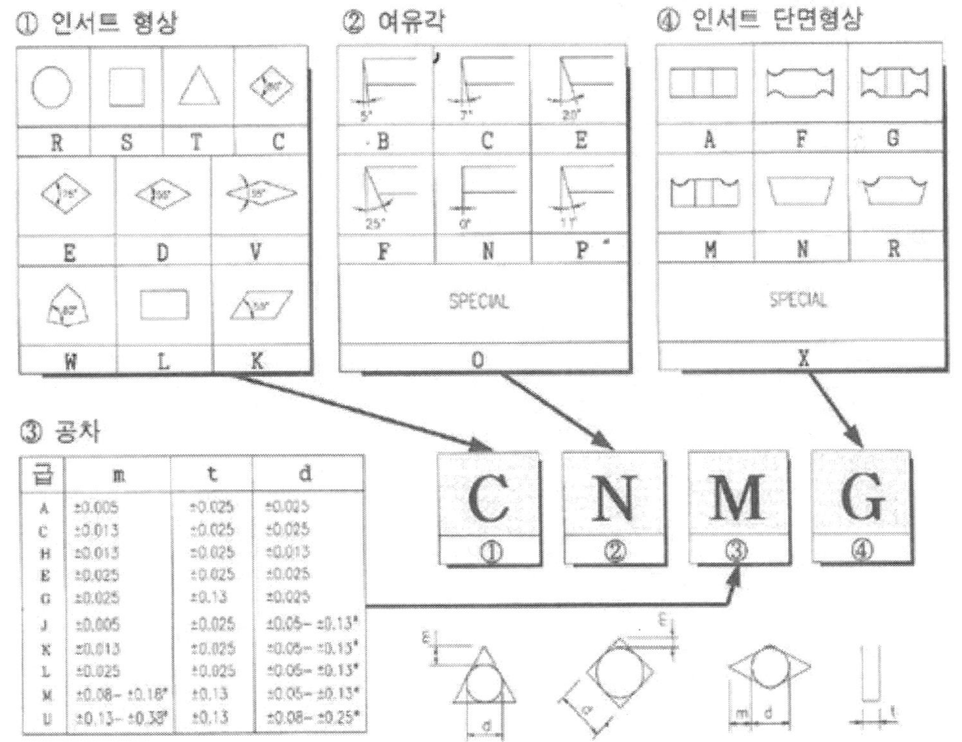

급	m	t	d
A	±0.005	±0.025	±0.025
C	±0.013	±0.025	±0.025
H	±0.013	±0.025	±0.013
E	±0.025	±0.025	±0.025
G	±0.025	±0.13	±0.025
J	±0.005	±0.025	±0.05~ ±0.13*
K	±0.013	±0.025	±0.05~ ±0.13*
L	±0.025	±0.025	±0.05~ ±0.13*
M	±0.08~ ±0.18*	±0.13	±0.05~ ±0.13*
U	±0.13~ ±0.38*	±0.13	±0.08~ ±0.25*

* R,S,T,C,D,V,W형 TIP형상은 아래표를 참조할것

d	m				d	
	M 급			U 급	J,K,L,M급	U 급
	TIP형상 S,T,C,W	TIP형상 D	TIP형상 V	TIP형상 S,T	TIP형상 S,T,C,W,R	TIP형상 S,T
5.0					±0.05	
5.56	±0.05				±0.05	
6.0					±0.05	
6.35	±0.08			±0.13	±0.05	±0.08
7.94	±0.08				±0.05	
8.0					±0.05	
9.525	±0.08	±0.11	±0.15	±0.13	±0.05	±0.08
10					±0.05	
12					±0.08	
12.7	±0.13	±0.15		±0.20	±0.08	±0.13
15.875	±0.15			±0.27	±0.10	±0.18
16					±0.10	
19.05	±0.15			±0.27	±0.10	±0.18
20					±0.10	
25					±0.13	
25.4	±0.18			±0.38	±0.13	±0.25
31.75	±0.18			±0.38	±0.13	
32					±0.13	

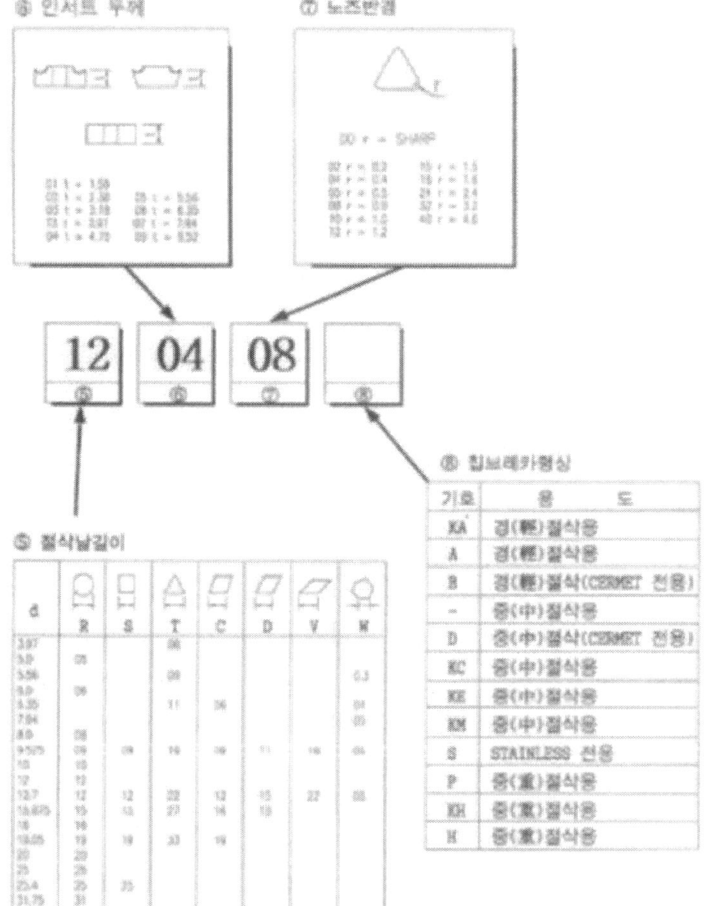

⑧ 칩브레카형상

기호	용 도
KA	경(輕)절삭용
A	경(輕)절삭용
B	경(輕)절삭(CERMET 전용)
-	중(中)절삭용
D	중(中)절삭(CERMET 전용)
KC	중(中)절삭용
KE	중(中)절삭용
KM	중(中)절삭용
S	STAINLESS 전용
P	중(重)절삭용
KH	중(重)절삭용
H	중(重)절삭용

⑤ 절삭날길이

d	R	S	T	C	D	V	W
3.97			06				
5.0	05						
5.56			09				03
6.0	06						
6.35			11	06			04
7.94							05
8.0	08						
9.525	09	09	16	09	11	16	06
10	10						
12	12						
12.7	12	12	22	12	15	22	08
15.875	15	15	27	16	15		
16	16						
19.05	19	19	33	19			
20	20						
25	25						
25.4	25	25					
31.75	31						
32	32						

(2) 선반 외경용 툴 홀더(Tool Holder) 규격 선정법

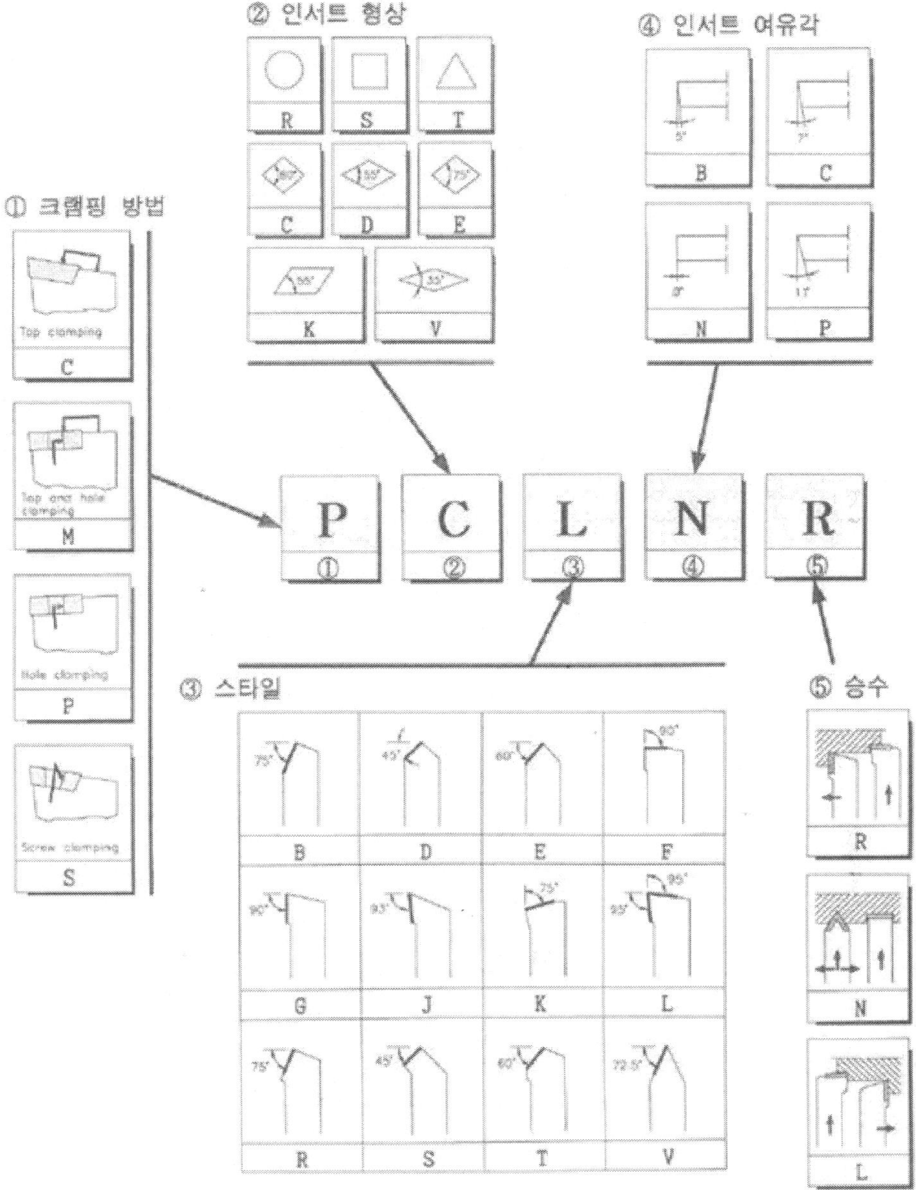

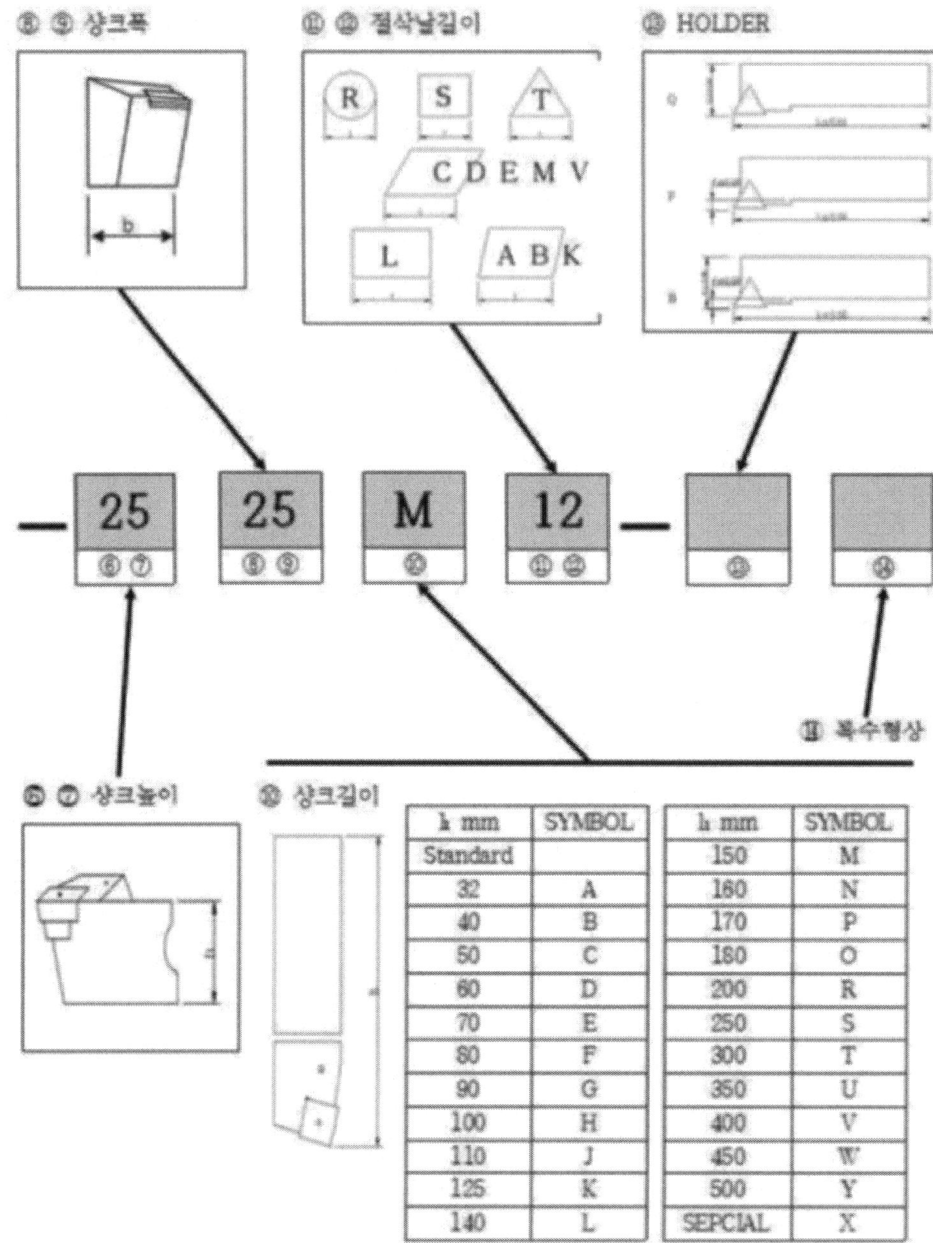

h mm	SYMBOL
Standard	
32	A
40	B
50	C
60	D
70	E
80	F
90	G
100	H
110	J
125	K
140	L

h mm	SYMBOL
150	M
160	N
170	P
180	Q
200	R
250	S
300	T
350	U
400	V
450	W
500	Y
SEPCIAL	X

(3) 선반 내경용 툴 홀더(Tool Holder) 규격 선정법

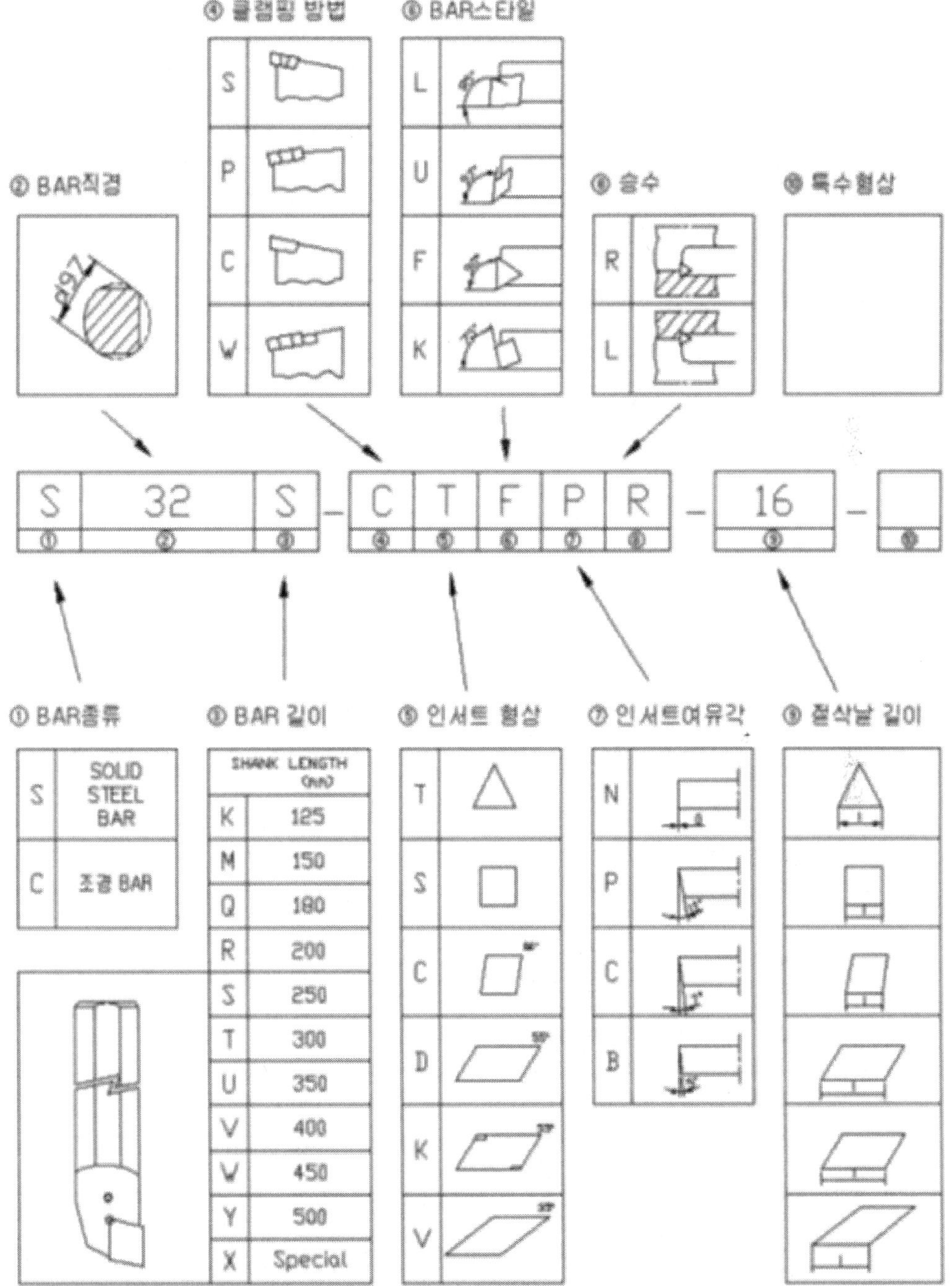

(4) 인서트 팁(Insert Tip)

구 분	내 용	
클램핑 방식	P Type	레바 클램핑(Lever Clamping) 방식으로 일반적인 황삭용에 적합
	C Type	탑 클램핑(Top Clamping) 절삭량이 작은 황삭에 적합
	M Type	P Type과 C Type을 결합한 것으로 체결력이 강력하다.(중절삭용에 적합)
	S Type	스크류 온 클램핑(Screw On Clamping) 정삭가공과 내경가공에 적합
	W Type	Wedge & Pin Clamping(Copy 용 많이 사용)
인서트 팁의 형상	각도가 클수록 강성증가, 작을수록 Copy 가공에 적합	
절입각	절입각이 작을수록 공구수명이 증가하지만 주분력, 배분력의 증가로 떨림현상이 발생한다.	
인서트의 여유각	여유각이 클수록 강도 조하되고 절삭저항은 감소된다. 연하고 점성이 있는 소재는 여유각을 크게 하고 강한 소재는 작게한다.(정삭용은 여유각을 크게 한다.)	
승수	R(우승수), L(좌승수), N(좌, 우승수)	
생크의 높이	공구 바닥면에서 인서트 팁 선단까지의 높이(보통 생크의 높이를 표시한다.)	
생크의 폭	샹크의 높이 직각방향의 폭	
생크의 전체길이	공구 전체길이	
인서트 절삭날 길이	인서트 팁의 절삭날 길이	
임의 기호		

(5) 바이트의 종류와 용도

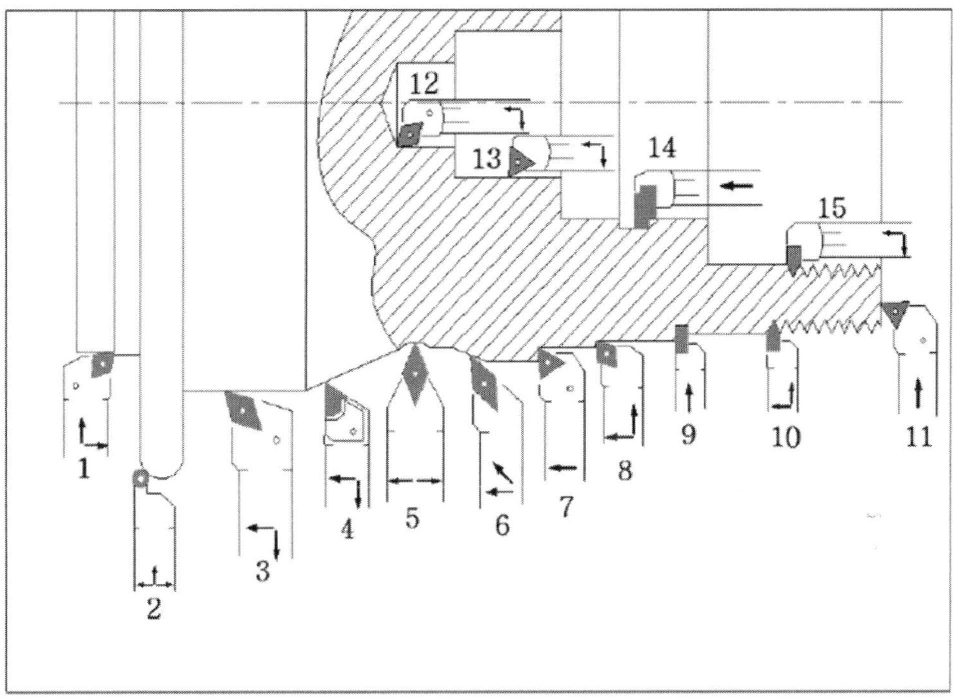

순서	용　　도	TOOL HOLDER규격	INSERT TIP 규격
1	외경 모방, 단면가공(황삭)	PCLNL2525-M12	CNMG120408
2	외경 모방 가공	SRDCR2525-P06	RCMX100300
3	외경 모방 가공(황, 정삭)	PDJNR2525-M15	DNMG150408
4	외경 모방 가공(황, 중삭)	CKJNR2525-M16	KNUX160405
5	외경 모방 가공(중, 정삭)	SVVBN2525-M16	VBMMI160404
6	외경 모방 가공(중, 정삭)	SVJBR2525-M16	VBMMI160404
7	외경 일반 가공	STGNR2525-M16	TNMG160408
8	외경 모방 단면가공(황삭)	PCLNR2525-M12	CNMG120408
9	외경 홈가공	GVGX2525RE	GVXGR6340S
10	외경 나사가공	TH2525RE	THR42M
11	외경 단면가공	STFCR2525-M16	TNMGI160408
12	내경 모방, 단면가공(황삭)	S25T-PCLNR-12	CNMGI120408
13	내경 모방가공(중, 정삭)	S20S-STFCR-11	TCMT110204
14	내경 홈가공	S20Q-GVCGXR	GVGIR5230
15	내경 나사가공	S16M-THSNR-16	TH16NR20

에듀컨텐츠·휴피아
Educontents·Huepia

제2장 CNC 선반 조작

1. 가공의 준비

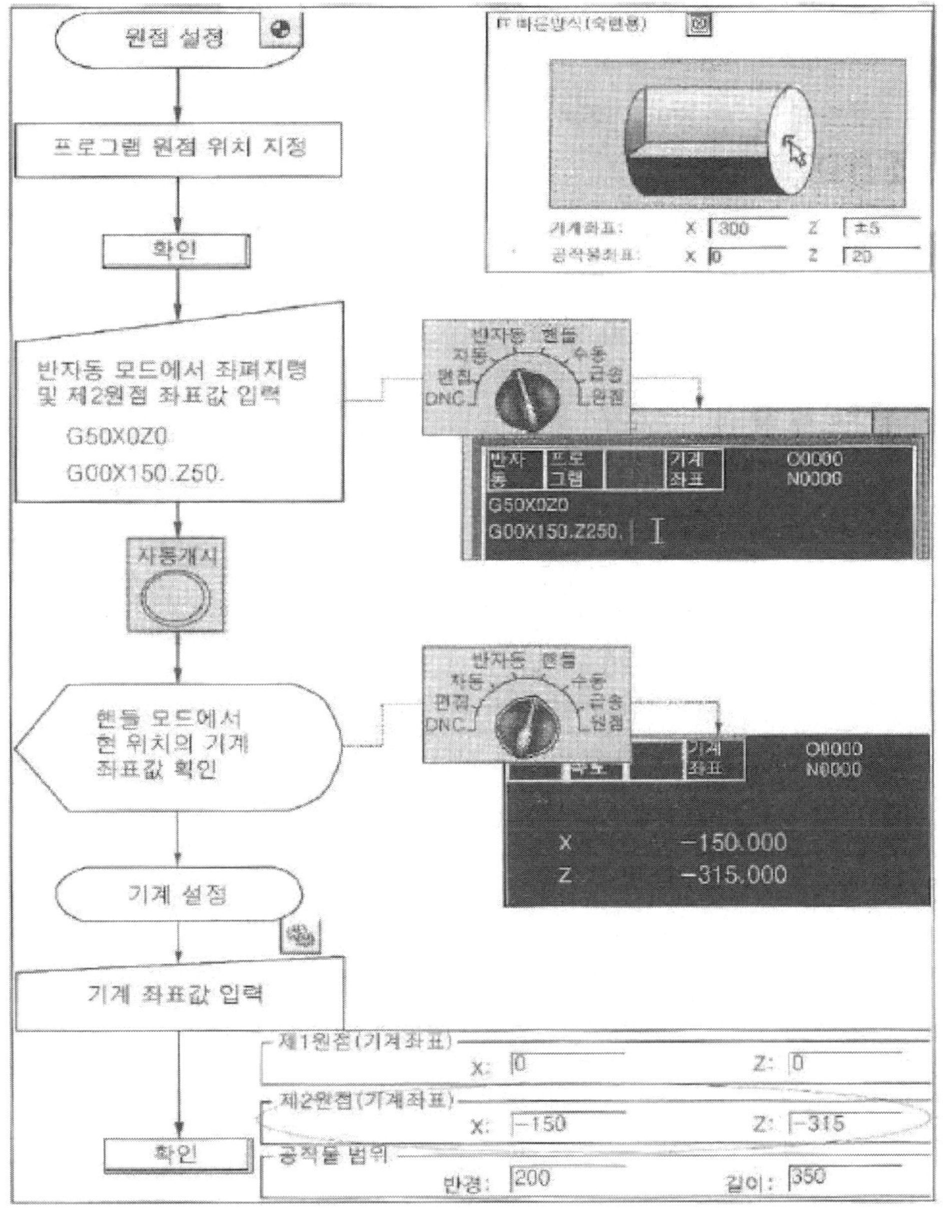

가. 기계 조작반

(1) 조작반 스위치 설명

① 테이프 : NC 테이프를 이용하여 가공하거나 DNC운전에 사용

② 수정 : 프로그램 신규작성 및 메모리에 등록된 프로그램을 수정

③ 자동 : 메모리에 등록된 프로그램을 자동 운전하는 기능

④ 반자동 : 프로그램을 작성하지 않고 기계를 동작시키는 기능(한 블록씩 프로그램을 입력하여 실행). 공구회전, 주축회전, 간단한 절삭 이송시 사용(복합형 고정 Cycle중에서 G70, G71, G72, G73 기능은 제외)

⑤ 핸들 : 수동펄스 발생기(MPG) 라고도 하며 조작반의 핸들을 이용하여 축을 이동함. 핸들의 한 눈금(1 Pulse) 당 이동량은 0.001 mm, 0.01 mm, (0.1 mm)의 종류가 있음.

⑥ 수동절삭(JOG) : 공구이송을 연속적으로 외부 이송속도 조절 스위치의 속도로 이송시킴. 엔드밀(End Mill)의 직선절삭 Face Mill의 직선 절삭 등 간단한 수동 작업을 수행.

⑦ 급속이송(RPD : Rapid) : 공구를 급속(기계의 최대속도 G00)으로 이동.

⑧ 원점복귀(ZRN : Zero Return) : 공구를 기계원점으로 복귀. 조작반의 원점방향축 버튼을 누르면 자동으로 기계원점까지 복귀하고 원점복귀 완료램프가 점등.

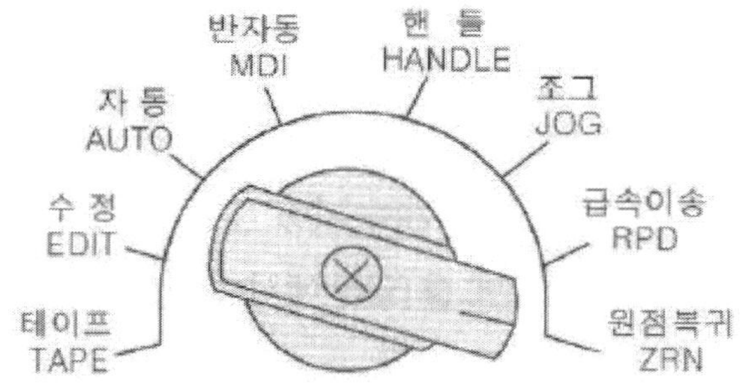

(2) **급속 오버라이드**(Rapid Override)

자동, 반자동, 급속이송 Mode에서 G00급속 위치결정 속도를 외부에서 변화를 주는 기능

(3) **이송속도 오버라이드**(Feed Override)

자동, 반자동 Mode에서 지령된 이송속도(Feed)를 외부 50에서 변화시키는 기능. 보통 0~150%이고 10%의 간격을 가짐

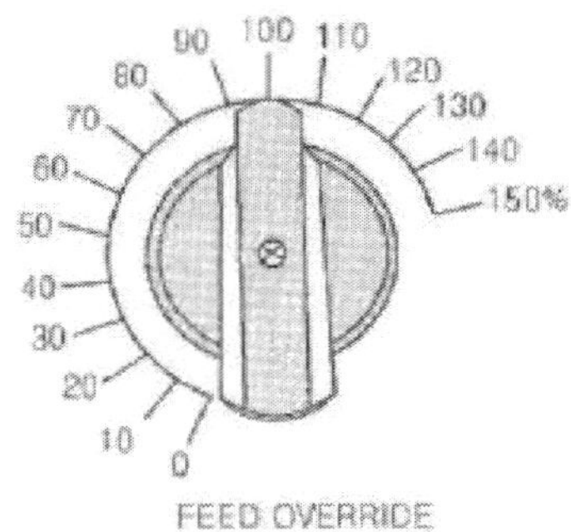

(4) **주축속도 오버라이드**(Spindie Override)

Mode에 관계없이 주축속도(rpm)를 외부에서 변화시키는 기능

(5) Pulse **선택**

핸들(MPG)의 한 눈금 이동 단위를 선택 중 0.1Pulse에서 핸들의 사용은 천천히 물려야 함. 핸들이동에는 자동 가감속 기능이 없기 때문에 축의 이동에 충격을 주면 볼 스크루와 볼 스크루 지지 베어링의 파손 원인이 됨.

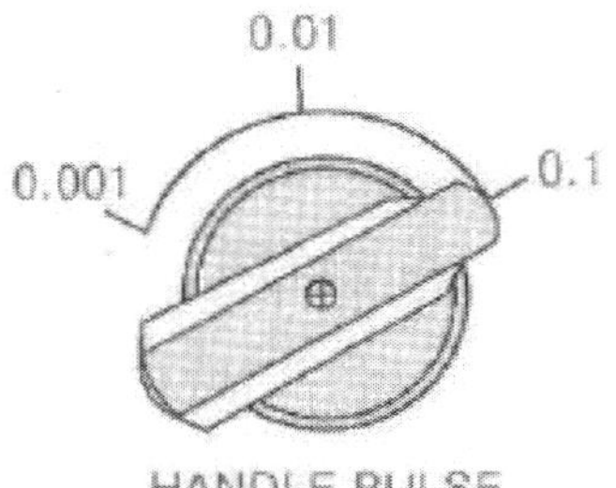

(6) **비상정지 버튼**(Emergency Stop Button)

돌발적인 충돌이나 위급한 상황에서 작동. 누르면 비상정지 stop하고 Main전원을 차단한 효과를 나타냄. 해제 방법은 화살표 방향으로 돌리면 튀어 나오면서 해제.

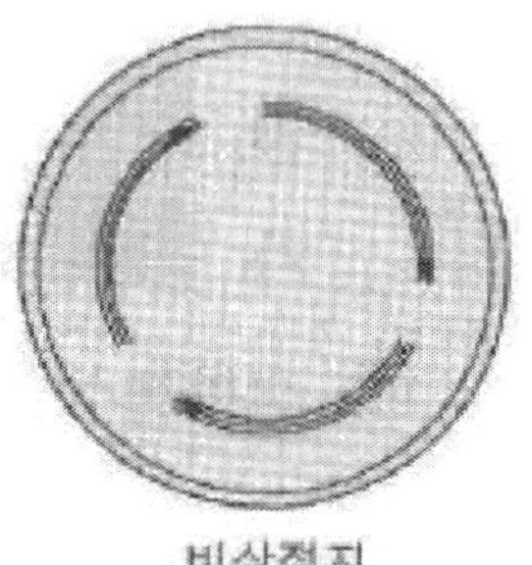

비상정지

(7) **자동개시**(Cycle Start)

자동, 반자동, DNC(TAPE) Mode에서 프로그램을 실행

CYCLE START

(8) **이송정지**(Feed Hold)

자동개시의 실행으로 진행 중인 프로그램을 정지. 이송정지 상태에서는 자동개시 버튼을 누르면 현재 위치에서 재개(주축정지, 절삭유 등은 이송 정지 직전의 상태로 유지).

주) 나사가공(G32, G92, G76) 실행 중에는 이송 정지를 작동시켜도 나사 가공 Block은 정지하지 않고 다음 Block에서 정지.

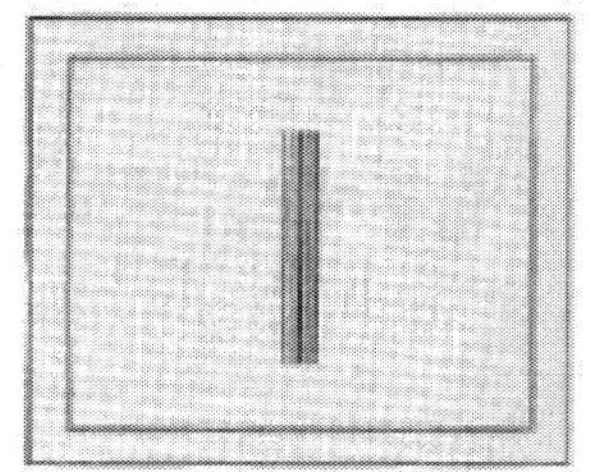

FEED HOLD

(9) **공구선택**

수동 조작(HANDLE, JOG, RPD, ZRN 모드)으로 공구대(Turret)를 회전

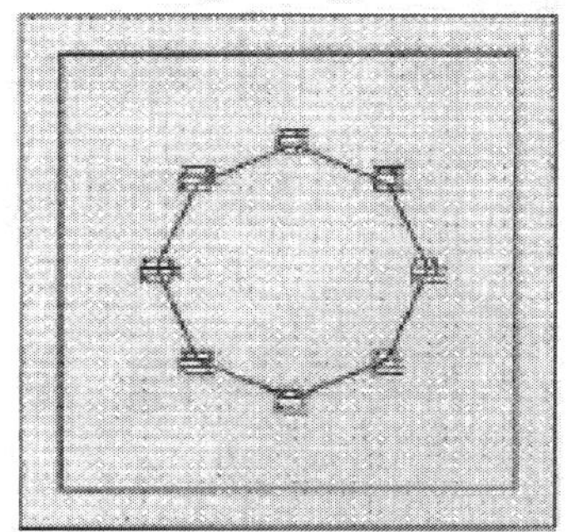

TURRET

(10) **핸들(MPG : Manual Pulse Generator)**

축(Axis)의 이동을 핸들(MPG) Mode에서 펄스(0.001mm, 0.01mm, 0.1mm Pulse) 단위로 이동

(11) **주축회전(Spindle Rotate)**

FOR(주축 정회전) : 수동조작(HANDLE, JOG, RPD, ZRN 모드)에서 마지막에 지령된 조건으로 정회전

STOP(주축 정지) : Mode에 관계없이 회전중인 주축을 정지

REV(주축 역회전) : 수동조작(HANDLE, JOG, RPD, ZRN 모드)에서 마지막에 지령된 조건으로 역회전

INCHING(주축 인칭) : 수동조작(HANDLE, JOG, RPD, ZRN 모드)에서 파라미터에 입력된 회전수로 스위치를 누르고 있을 때만 정회전

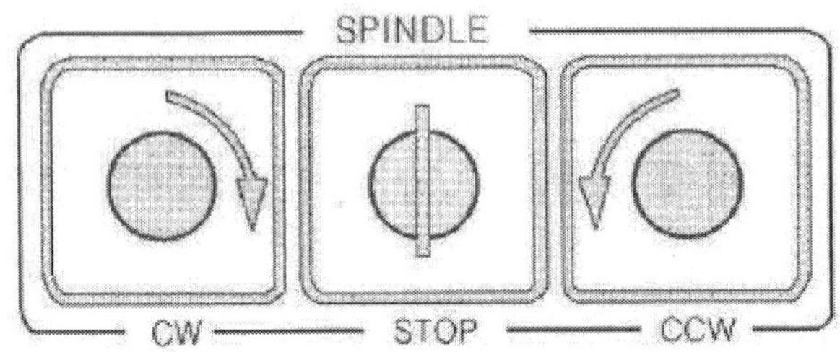

(12) **드라이 런(Dry Run)**

이 스위치가 ON되면 프로그램에 지령된 이송 속도를 무시하고 JOG(Jog Feed Override)로 이송

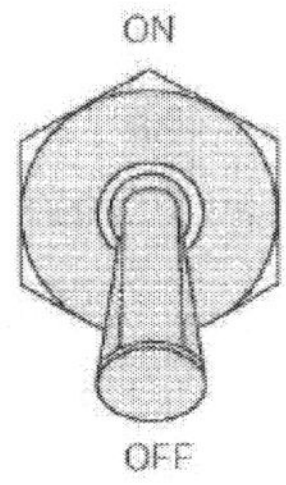

(13) **이송속도 조정 무시(Feed Override Cancel) OFF**

이송속도를 조절하는 것을 무시하고 프로그램에 지령된 이송속도로 고정(이송속도 오버라이드를 100%로 고정)

2. 좌표계 설정

CNC 공작기계로 공작물을 가공하기 위한 좌표계를 다음과 같은 방법으로 설정한다.

① 가공할 소재를 스핀들에 장착

선택→핸들운전→푸트 스위치를 이용하여 장착

② 기준 바이트를 선택

선택→반자동→T0100 ⏎→자동개시

선택→반자동→조작판→TURRET CW를 눌러 기준바이트를 설정

③ 소재를 가공할 수 있도록 공구대를 스핀들 가까운 곳으로 이동

선택→핸들운전→X 또는 Z 축을 선택해서 수동 펄스 발생기로 이동

④ 주축을 회전

선택→반자동→G97 S500 M03 ⏎→자동 개시

⑤ 상대 좌표를 선택

선택→핸들운전→위치선택을 계속 누르면 상대 좌표를 선택할 수 있음

⑥ 단면과 외경을 가공

- 단면가공

선택→핸들운전→X축 선택→단면을 가공할 수 있도록 Z축 방향 단면에 바이트를 이동하고, 단면을 측정할 수 있도록 이동한 후 Z방향은 움직이지 않고 X방향으로만 가공함. 이 때의 X축의 기계좌표가 공작물 원점으로 메모함. 상대0 SET를 누르고 W0을 누르면 상대 좌표 W0이 됨.

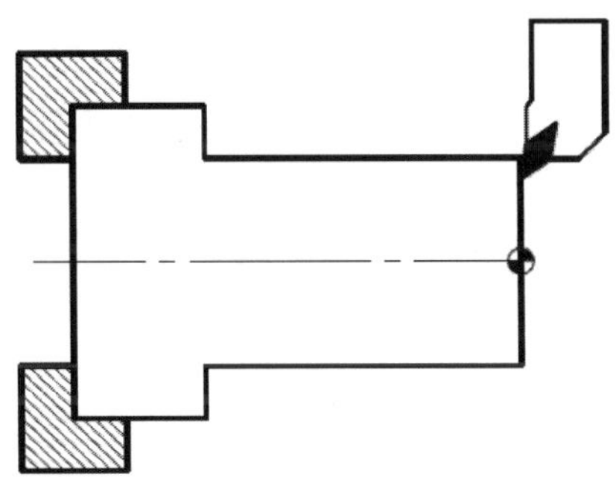

- 외경 가공

선택→핸들 운전→Z축 선택→외경을 가공할 수 있도록 바이트를 이동하고 외경을 측정할 수 있도록 X축을 움직이지 않고 Z축으로만 가공함.

이 때의 X축의 기계좌표가 공작물 원점으로 메모함. 상대 0 SET를 누르고 U0을 누르면 상대 좌표 U0이 됨.

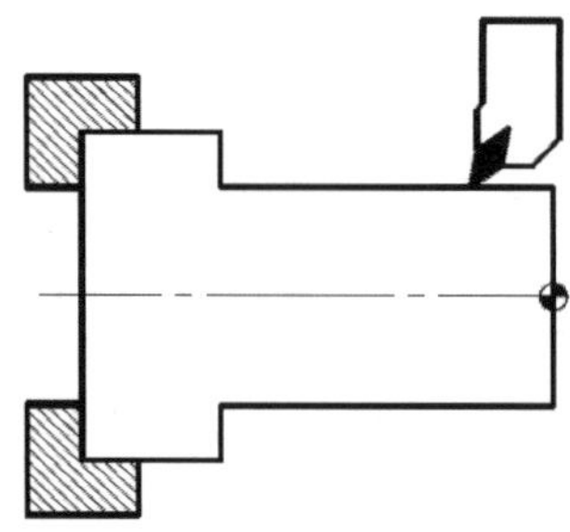

⑦ 주축을 정지시키고 안전하게 공구대를 이동한 후 외경과 길이방향 가공 길이를 측정해서 메모함.

⑧ 기계원점 복귀를 함.
선택→반자동→G28 U0. W0. ⏎→자동개시

⑨ 좌표계 설정을 함.
선택→반자동→G50 X150. Z200. ⏎→자동개시
(예: 메모한 기계좌표가 X150. Z200. 일 때)

⑩ 절대좌표를 확인.
선택→핸들운전→위치선택을 눌러 절대좌표를 선택함.
(예: 절대좌표 X150. Z200.임을 확인)

3. 공구 보정값 설정 입력

가. 보정할 바이트를 선택

① 선택→반자동→T0200 ⏎→자동개시

② 소재에 바이트를 터치할 수 있도록 공구대를 공작물 가까운 곳으로 이동
선택→핸들운전→X 혹은 Z 축을 선택해서 수동 펄스 발생기로 이동

③ 주축을 회전
선택 → 반자동 → G97 S500 M03 ⏎ → 자동개시
④ 상대 좌표를 선택
선택 → 핸들 운전 → 위치 선택을 눌러 상대 좌표를 선택함
⑤ 그림과 같이 단면과 외경을 터치
- 상대 좌표 값을 확인 : 기준 바이트인 T01과의 차이 값을 공구 보정 값으로 설정

⑥ 같은 방법으로 나머지 바이트의 공구 보정 값을 세팅

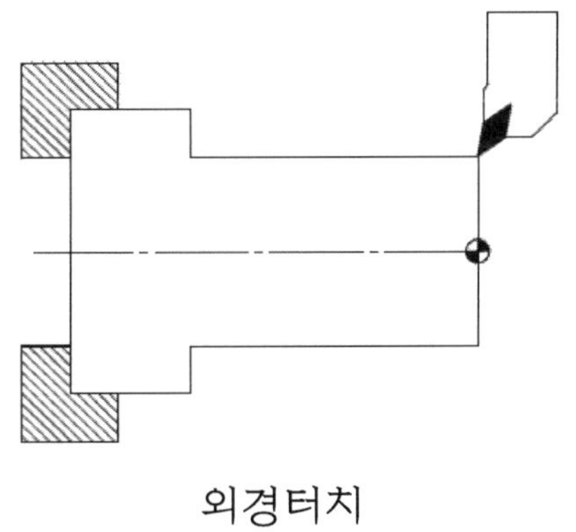

외경터치

4. 자동 운전

가. 자동 운전의 준비

(1) 기계의 확인

- 공구의 고정 상태 및 인서트 팁은 잘 장착 확인
- 척 압력 확인(S45C를 기준으로 20~25 kg/cm^2 정도)
- 각 축은 원활하게 급속 이송 RAPID 속도 확인
- 공구 교환 시 간섭여부 체크
- 주축의 회전 확인

- 장비의 외관 확인
- 베드 변에 습동유가 제대로 나오는지 확인
- 습동면 및 볼 스크루 급유 탱크 유량은 적당한지 확인
- Air에 Oil을 혼합하여 실린더를 보호하는 장치인 Air Lubricator Oil 확인
- 절삭유의 유량은 충분한지 확인
- 유압 탱크의 유량은 충분한지 확인
- 각 부의 압력이 명판에 지시된 압력을 가르키는지 확인

(2) **프로그램의 확인**

- 모드 선택을 EDIT 모드
- PRGRM 버튼을 누름
- 프로그램 보호 KEY를 ON
- 찾고자 하는 프로그램 번호를 입력 후 INPUT
- 그래픽 기능을 이용하여 도형 확인
- 확인이 어려 운 부분은 도형 확대 기능으로 확인
- 수정 및 편집
- 공구 보정 값 입력
- 재확인
- 검증 기능을 이용한 검증

보정번호	X축	Z축	R	T
01	0.000	0.000	0.8	3
02	2.123	0.678	0.4	3
03	5.456.	7.891		7
04	.	.	.	.
05	.	.	.	.
.	.	.	.	.

나. 자동 운전의 개시

① 모드 선택을 자동(AUTO)으로 함

② SPINDLE OVERRIDE와 FEED OVERRIDE를 100%로 놓음

③ MANUAL ABS 스위치를 ON 상태로 놓음

④ 각종 스위치의 상태를 다시 확인

⑤ 기계 조작반의 CYCLE START(가공 개시) 스위치를 누름

⑥ 기계를 떠나지 말고 가공 모습을 면밀하게 주시(FEED HOLD나 EMERGENCY STOP 스위치를 누를 준비를 함)

⑦ 가공 중에 조건이 잘 맞지 않으면 FEED OVERRIDE나 SPINDLE OVERRIDE

⑧ 스위치로 가공 조건 수정

⑨ 가공 제품을 즉시 해체하지 말고 확인 후 해체

다. 자동 운전 후의 처리

① 가공이 끝나면 공작물의 형태와 치수를 면밀하게 검토

② 치수가 다른 곳의 보정량을 설정

③ 보정 화면에서 보정량을 재입력

④ 2차 가공 실시

⑤ 기계 정비 및 정리 정돈

⑥ 다음 가공의 준비 작업

에듀컨텐츠·휴피아
ECH Educontents·Huepia

제3장 CNC 선반의 프로그래밍

1. CNC 프로그램의 개요

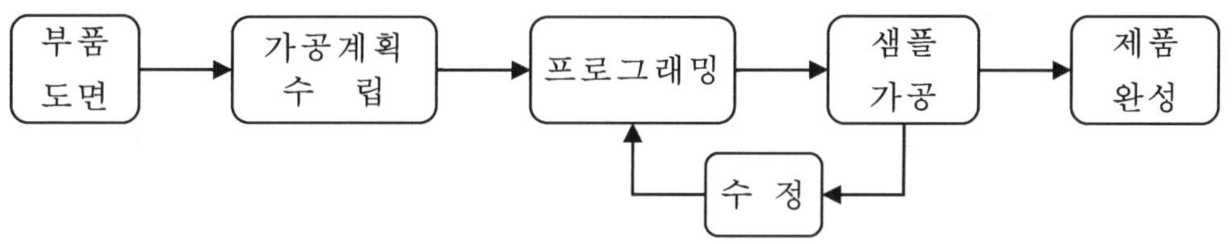

2. CNC 프로그램의 구성

가. 워드(Word)의 구성

단어(word) : 주소(address) + 숫자(data)

(예: X 200.)

나. 블록(Block)의 구성

블록 : 단어 + 단어 + … + EOB

하나의 프로그램은 프로그램 번호 "O_"로 시작하여 "M02"로 끝나며 블록의 개수는 제한이 없다. 일반적으로 프로그램의 M02를 사용하여 끝내지만, M30 혹은 M99를 사용하여 끝낼 수 있다. 블록의 끝은 EOB(;) 표시하고 프로그램의 실행은 블록단위로 이루어진다. 한 블록의 실행이 완료되면 다음 블록을 실행하고, 전개(Sequence) 번호는 생략 가능하다. 한 블록 내에서 워드의 개수는 제한이 없으며, 같은 내용(기능)의 워드를 두 개 이상 지령하면 앞에서 지령된 워드는 무시되고 뒤에서 지령된 워드가 실행된다. 다음은 블록의 형식과 프로그램의 예이다.

- 블록(Block)의 형식

N	G	X(U) Z(W)	R(I,K)	F	S	T	M	;
전개 번호	준비 기능	좌표	원호 가공	이송 기능	주축 기능	공구 기능	보조 기능	블록끝

N : 전개 번호(Sequence Number)

G : 준비기능

X(U), Z(W) : 가공종점의 좌표값을 나타내는 어드레스

S : 주축기능

T : 공구기능

M : 보조기능

F : 이송기능

; : EOB(End of block),

예) N1 G01 X10. M08 M09; 가 실행되면 M08은 무시되고 M09가 실행된다.

O0010;	프로그램 번호
N010 G28 U0. W0.;	기계원점 복귀
N020 G50 X200. Z200. S3000 T0100;	좌표계 설정, 주축최고 회전수
N030 G96 S300 M03;	주축속도 지정 및 일정제어, 정회전
N040 G00 X50. Z0.3 T0101;	공구이동, 공구선택 및 보정번호 선택
N050 G01 X-1. F0.2 M09 M08;	공구절삭 및 이송속도 지정, 절삭유 ON M08은 무시되고 M09가 실행
.	.
.	.
.	.
N300 G28 U0. W0. T0100 M09;	기계원점복귀, 공구보정취소, 절삭유 OFF
N310 M05;	주축정지
N320 M02;	프로그램 끝

다. 부 프로그램

부 프로그램은 프로그램에서 반복되는 부분을 따로 부 프로그램으로 작성하여 주 프로그램에서 작성된 부 프로그램을 호출하여 사용한다.

(1) 부 프로그램 지령시 유의사항

① 부 프로그램을 호출은 M98 기능을 사용한다.
② 부 프로그램은 끝내려면 M99 기능을 사용하며, M99가 없으면 알람이 발생한다.
③ 주 프로그램 및 부 프로그램의 작성방법에는 제한이 없다.
④ 부 프로그램에서 다른 부 프로그램을 호출할 수 있다.
⑤ 부 프로그램을 M99 기능을 사용하여 끝내면, 역순으로 주 프로그램으로 복귀한다.
⑥ 부 프로그램을 반복할 경우에는 L 다음에 반복횟수를 기입한다.
⑦ 일반적으로 CNC 선반보다는 머시닝 센터에서 많이 사용한다.

(2) 보조 프로그램 호출(M98)과 취소(M99)

```
M98 □□□   P△△△△ ;
M99;
```

□□□ : 반복회수(생략시 1회만 호출)
△△△△ : 보조프로그램 번호

예) M98 P0015;
반복횟수는 1회이고, 보조 프로그램번호 0015이다.

라. 기본 어드레스 및 지령 범위

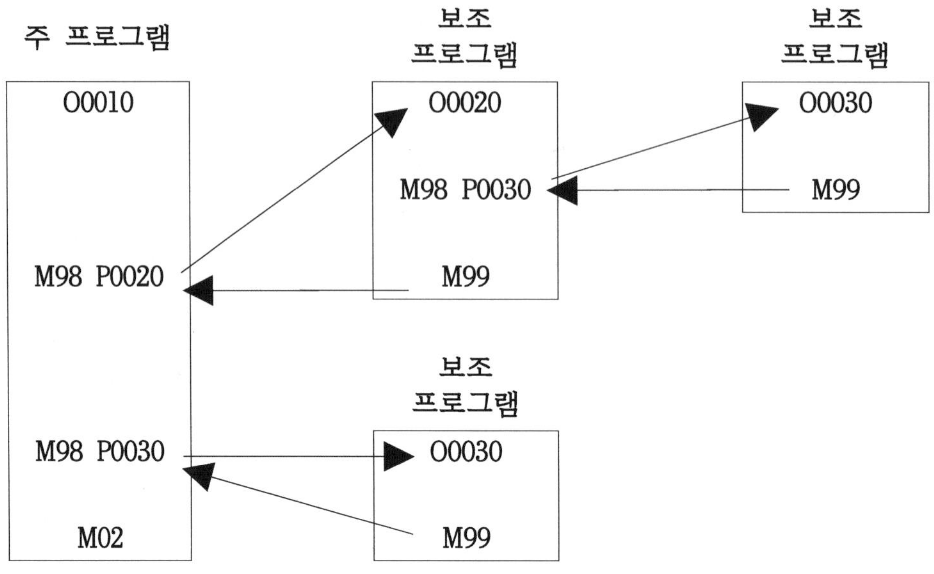

기능	어드레스	의 미	지령값 범위(mm)
프로그램 번호	O	프로그램 번호	1~9999
Sequence 번호	N	Block의 번호	1~9999
준비기능	G	동작모드 지령	0~99
좌표어	X Y	가공종점의 좌표	±99999.999
	U W	가공종점의 증분좌표	
	R	원호의 반지름	
	I K	원호의 중심점 좌표	
이송기능	F	이송속도(mm/rev)	0.01~500.000
주축기능	S	주축 회전수(rpm)	0~9999
공구기능	T	공구번호 지정	0~99
보조기능	M	기계조작 on/off 제어	0~99
일시정지(Dwell)	P U X	일시정지 시간 지정	0~9999.999(sec)
옵셋(보정)번호	H D	공구길이 공구경 보정번호	0~200
보조 프로그램번호	P	보조 프로그램번호지정	1~9999
반복회수	P	보조 프로그램 반복호출	1~9999
	K L	고정 사이클 반복 회수	1~9999
파라미터	P Q	고정 사이클 파라미터	1~9999

마. 주축 기능

(1) 주축 일정 제어(G96)

주속 일정 제어는 공구와 공작물의 상대 속도가 항상 일정한 속도로 제어하는 것이다. 원주속도인 주속은 공구가 회전하는 밀링계에서는 공구의 직경이 클수록 회전속도가 빠를수록 커진다. G96 지령은 주속이 일정하게 유지되므로 회전수를 변속시키면서 절삭속도를 일정하게 유지시킨다. 주속일정제어의 장점은 공구수명과 가공 표면의 향상과 절삭시간의 단축 등이며, 머시닝센터보다는 공작물이 회전하는 CNC 선반에서 많이 사용된다.

```
G96 S___ M03 ;
G96 S___ M04 ;
```

S : 절삭속도(m/min)

M03 : 주축 정회전(시계방향 회전)

M04 : 주축 역회전(반시계방향 회전)

예제) 다음 프로그램을 설명하시오.

G96 S00 M03;

풀이:

주축을 절삭속도 200m/min으로 유지하면서 정회전시킨다.

(2) 주축 회전수 일정 제어(G97)

전원 투입시 G97이 기본 값으로 설정되며, 주축 회전수를 일정하게 하는 지령이다. 주축 회전수 일정 제어는 주속 일정제어가 취소되고 지령된 회전수로만 일정하게 회전하도록 제어되므로 가공에 의해 공작물 지름이 감소되어도 주축회전수가 일정하게 유지된다. 공작물의 지름 변화량이 작은 나사가공, 드릴가공 등을 할 때 일반적으로 사용한다.

```
G97 S___ M03 ;
G97 S___ M04 ;
```

S : 1분당 회전수(rpm)
M03 : 주축 정회전(시계방향)
M04 : 주축 역회전(반시계방향)

예제) 다음 프로그램을 설명하시오.
G97 S500 M03;
풀이:
공작물을 1분당 500회전으로 정회전시킨다.

(3) **주축 최고 회전수 설정(G50)**

주축 최고 회전수 설정은 주축이 지령된 최고 회전수 이하에서 회전하도록 하는 기능이다. 프로그램에서 일정제어(G96)을 사용하면 공작물의 지름이 작아질수록 회전수가 증가하기 때문에 회전수가 과도하게 증가할 수 있다. 이런 경우에 공작기계가 과부하를 받을 수 있기 때문에, 공작기계의 안전을 위해 지정된 회전수 이하에서만 회전하는 주축의 최고 회전수를 지정할 수 있는 G50 기능의 사용이 필요하다.

```
G50 S___ ;
```

S : 최고 회전수(rpm)

예제) 다음 프로그램 블록을 설명하시오.
G50 S2800;
풀이:
주축의 회전을 최고 회전수를 2800rpm 이하로 제한한다.

가. 좌표값 지령방식

(1) 절대지령 방식

① 공작물 원점을 기준으로 하는 절대좌표계의 좌표값을 지령하는 방식이다.

② 공작물 원점을 기준으로 이동 종점의 좌표값을 지령한다.

③ 사용 어드레스는 X, Z이다.

(2) 증분지령 방식

① 공구의 현재 위치를 기준으로 하는 상대좌표계의 좌표값을 지령하는 방식이다.

② 현재 공구의 위치가 원점으로 하여 이 원점을 기준으로 이동 종점의 좌표값을 지령한다.

③ 사용 어드레스는 U, W이다.

(3) 혼성지령 방식

프로그램에서 절대지령 방식과 증분지령 방식을 혼합하여 사용한다.

(4) 공작물의 지름 지령 방식

공작물의 지름을 지령하는 방식은 반경지령 방식과 직경지령 방식이 있다. CNC 선반가공은 공작물이 회전하고 공구가 이송하면서 가공이 되고, 공작물은 원형단면이고 중심 축선에 대칭이다. 따라서, 공작물을 절입량(절삭깊이) 1mm로 가공하면 축 대칭이기 때문에 절입량의 두 배 2mm가 절삭되므로 공구의 이동량을 지름 단위로 지령하는 것이 편리하다.

위치	좌표지령	
	직경지령 방식	반경지령 방식
A	X50. Z0.	X25. Z0.
B	X80. Z-70.	X40. Z-70.

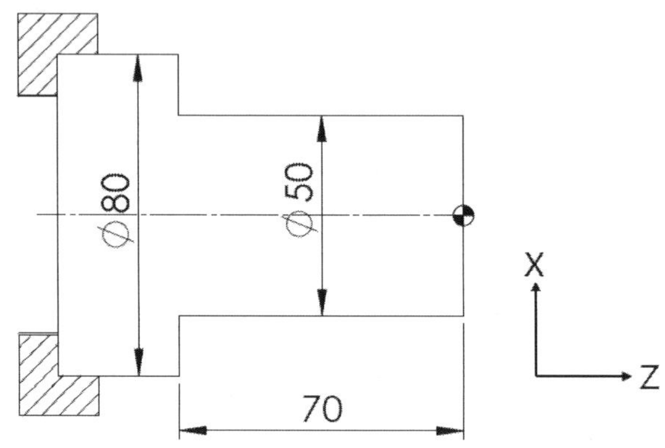

3. 준비 기능

가. 유효한 G코드

같은 그룹의 G코드는 한 블록에 2개 이상 지령하면 뒤에 지령된 G코드가 유효하며 다른 그룹의 G코드는 한 블록에 2개 이상 지령할 수 있다.

예) G00 G01 G02 ; 이면 G02가 유효하다.

(1) 1회 유효 지령과 연속 유효 지령

구 분	의 미	그 룹
1회 유효 지령	지령된 블록에서만 유효	00 그룹
연속 유효 지령	동일 그룹의 다른 G-코드가 나올 때 까지 유효	00 이외의 그룹

① 1회 유효 지령(One Shot G-Code)

프로그램에서 G코드의 기능이 지령된 블록에서만 유효한 G코드이다. 아래 블록에서는 유효하지 않다. 1회 유효 지령은 G코드의 기능이 필요할 때마다 블록마다 계속 지령해야 하며 "00그룹"에 해당한다.

② 연속 유효 지령(Modal G-Code)

프로그램에서 G코드의 기능이 아래 블록에서 동일 그룹의 다른 G코드가 지령될 때 까지 계속해서 유효한 G코드이다. 즉, 한번 지령하면 아래 블록에서 계속 지령하지 않아도 유효하지만, 동일 그룹의 다른 G코드가 지령되면 이전에 지령된 G코드는 취소되고 새로 지령된 G코드가 계속 유효하다. 연속 유효 지령은 "00 이외의 그룹"에 해당한다.

```
·
·
·
G00 X65. Z0.; (G00, G01, G02는 "01그룹" 동일 그룹에 속함)
G01 X-2. F0.2 M08;
G00 X56.0 Z2.;
G01 Z-10.;
X60. Z-12.;(G01은 Modal G코드로서 아래 블록에서 기능이 계속 유효)
Z-30.; (G01은 Modal G코드로서 기능이 계속 유효)
G02 X64. Z-32. R2.;(G01은 취소되고 G02 기능이 아래 블록에서 계속 유효)
G01 X66.; (G02는 취소되고 G01 기능이 아래 블록에서 계속 유효)
G04 P2000;(G04는 One Shot G코드인 "00그룹"으로, 지령된 블록에서만 유효)
Z-50.; (G04 이전의 Modal G코드인 G01 기능을 실행)
·
·
·
```

나. 표준 G코드

G-코드	기 능	그 룹
G00	급속 위치결정	01
G01	직선보간(직선가공)	
G02	원호보간(시계방향원호가공)	
G03	원호보간(반시계방향원호가공)	
G04	Dwell(일시정지)	00
G10	Data 설정	
G20	Inch data입력	06
G21	Metric data입력	
G22	금지영역 설정(On)	09
G23	금지영역 설정취소(Off)	
G25	주축속도 변동검출취소(Off)	08
G26	주축속도 변동검출(On)	
G27	원점복귀 확인	00
G28	자동 원점복귀	
G30	제2원점복귀	
G31	Skip 기능	
G32	나사절삭	01
G34	가변리드 나사절삭	
G36	자동공구 보정(X)	00
G37	자동공구 보정(Z)	
G40	공구인선 반경(R) 보정 취소	07
G41	공구인선 반경(R) 보정 좌측	
G42	공구인선 반경(R) 보정 우측	
G50	공작물 좌표계 설정 주축	00
G65	Macro 호출	

G-코드	기 능	그 룹
G66	Macro Modal 호출	12
G67	Macro Modal 호출 취소	
G68	대향 공구대 좌표(On)	04
G69	대향 공구대 좌표 취소(Off)	
G70	정삭가공 사이클	00
G71	내외경 황삭 사이클	
G72	단면 황삭 사이클	
G73	모방가공 사이클	
G74	단면 홈가공 사이클	
G75	외경 홈가공 사이클	
G76	자동 나사가공 사이클	
G90	내외경 절삭 사이클	01
G92	나사 절삭 사이클	
G94	단면 절삭 사이클	
G96	주속 일정 제어	02
G97	회전수 일정 제어	
G98	분당 이송	05
G99	회전당 이송	

다. **원점**(Reference point)

원점은 일반적으로 기계원점이고 제1원점이라고도 한다. 기계원점은 공작기계를 제어하는데 기준이 되는 위치로 공작기계 제조사에서 지정하여 파라미터로 설정하고 사용자가 파라미터를 임의로 변경하지 않는다.

기계 좌표계는 기계원점을 기준으로 설정하기 때문에 공작기계 전원을 투입 후나 비상스위치를 눌렀을 경우에 기계원점복귀를 하여 기계원점을 인식시켜 주어야 한다.

(1) 기계원점 복귀 방법

공작기계는 각 이송축마다 좌표의 기준이 되는 기계 원점이 있으며, 기계 원점은 전원 투입 후 수동 원점 복귀 조작에 의해 복귀시키고, 이 후에는 프로그램에서 지령에 의해 원점 복귀시킨다.

① 수동원점 복귀

조작 모드(Mode)를 원점복귀 모드(ZRN)를 선택하고 수동으로 JOG 버튼을 이용하여 공구를 X축 및 Z축으로 급속 이송하여 기계원점에 복귀시킨다.

② 자동원점 복귀

조작 모드를 자동(Auto) 혹은 반자동(MDI) 모드를 선택하고 G28기능을 이용하여 공구를 X축 및 Z축으로 급속 이송하여 기계원점에 복귀시킨다.

```
G28 X(U)_ Z(W)_ ;
```

X(U) : 중간 경유점의 X축 절대(증분)좌표
Z(W) : 중간 경유점의 Z축 절대(증분)좌표

예)

G28 U0. W0.: 공구가 현 위치에서 기계 원점으로 복귀함
G28 X0. Z0.; 공구가 현 위치에서 공작물 원점을 경유하여 기계 원점으로 복귀함

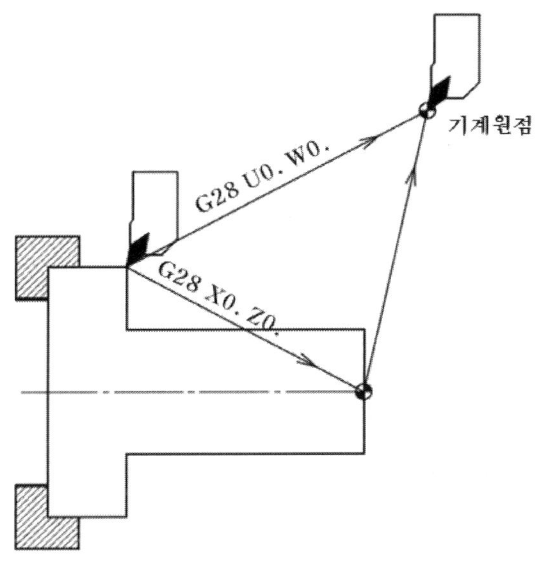

예제) 공구를 기계원점으로 자동 복귀하는 프로그램을 작성하시오.

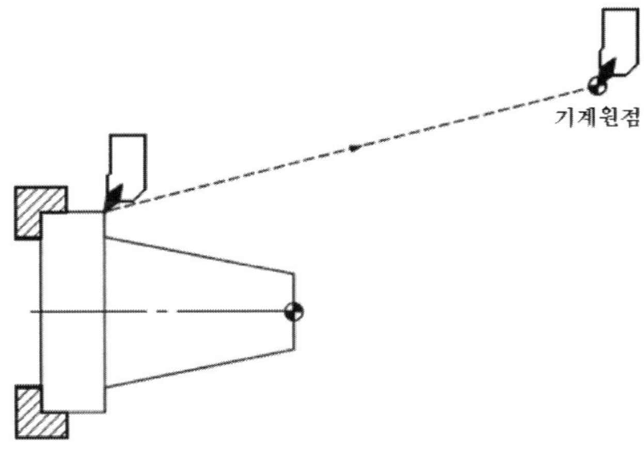

풀이:

G28 U0. W0.;

중간 경유점에 증분지령 U0. W0은 공구의 현재 위치를 중간 경유점으로 하여 바로 기계원점으로 복귀시킨다. 공구가 현재 위치에서 기계원점으로 복귀하기 때문에 충돌 위험이 없을 때 사용한다.

예제) 공구를 기계원점으로 자동 복귀하는 프로그램을 절대지령 방식과 증분지령 방식으로 각각 작성하시오.

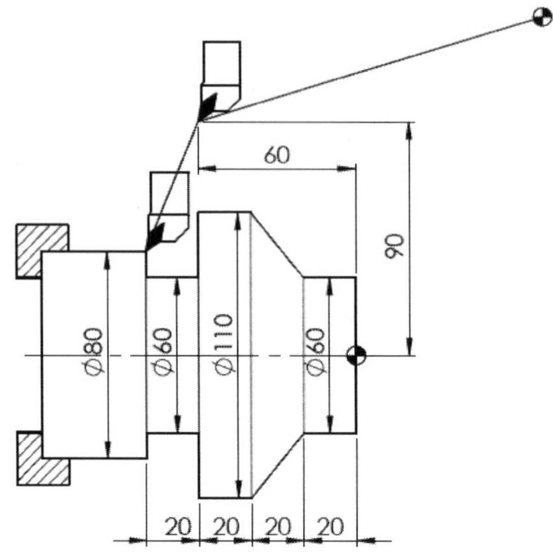

풀이:

절대지령 방식　G28 X180. Z-60.;

증분지령 방식　G28 U100. W20.;

(2) **제2원점 복귀**(G30)

공구를 기계 원점에서 교환하면 가공 시간이 많이 소요된다. 공작물과 가깝고 충돌이 발생하지 않는 위치에 제2원점을 지정하고 그 위치에서 공구를 교환하여 가공 시간을 줄일 수 있다.

G30 P___ X(U)___ Z(W)___ ;

P : 제2원점, 제3원점, 제4원점이 있는 경우 P2, P3, P4를 나타내고, P를 생략하면 제2원점이 선택된다.

X(U) : 중간 경유점의 X축 절대(증분)좌표

Z(W) : 중간 경유점의 Z축 절대(증분)좌표

G27, G28, G30기능을 싱글 블록(single block) 상태에서 지령하면 중간 경유점에서 정지한다. G27, G28, G30기능을 1개 축 좌표값만 지령하면 지령된 축만 원점 복귀한다.

예제) 다음 프로그램 블록을 설명하시오.
G30 U0.;

풀이:
공구가 X축만 원점 복귀한다.

(3) 공작물 좌표계 설정(G50)

공작물 좌표계는 공작물 원점을 기준으로 하는 좌표계이고 공작물 원점은 기계원점을 기준으로 설정한다. 공작물 원점은 작업자가 프로그램 작성시 기준이 되는 위치이며, 공작물의 크기와 형태, 공작물의 고정위치가 달라질 때마다 작업자는 공작물 원점을 설정해 주어야 한다.

공작물 원점은 작업자가 프로그래밍 할 때 좌표값의 기준이 되는 점이며, 공작물 좌표계 설정이란 CNC 공작기계가 공작물 원점이 어디인지 알 수 있도록 설정하는 것이다. 그러므로 공작물 좌표계 설정을 공작물 원점 설정이라고도 한다. 공작물 원점은 공작물에 따라 작업자가 지정하고 공작물의 크기와 형태 또는 공작물의 고정위치가 달라질 때마다 작업자는 공작물 원점을 다시 설정해 주어야 한다. 공작물 원점이 설정되면 CNC 공작기계는 공작물 원점을 기준으로 프로그램에 작성된 좌표값으로 운전되어 정밀한 부품 가공을 할 수 있다. 반대로 공작물 원점을 정확하게 설정하지 못하였다면 정밀 부품은 가공할 수 없는 것이다. 그러므로 이상적인 프로그램을 작성하였다 하더라도 공작물 원점을 설정하지 못한다면 사용할 수 없는 프로그램과 같은 것이다.

```
G50 X(U)___ Z(W)___ ;
```

X(U) : 공구가 공작물 좌표계 원점으로부터 떨어진 X축 거리
Z(W) : 공구가 공작물 좌표계 원점으로부터 떨어진 Z축 거리

예제) 그림에 표시된 위치를 공작물 원점으로 설정하시오.

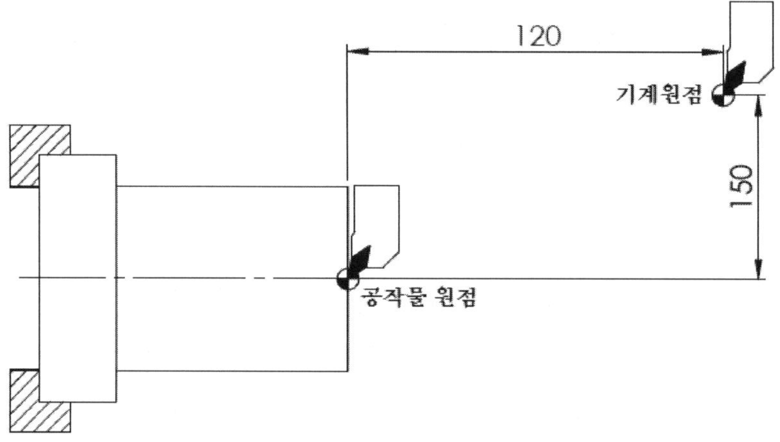

풀이:

G50 X300. Z120.;

현재 공구의 위치가 공작물 원점으로부터 X200. Z100. 위치에 있으므로 자동이나 반자동에서 지령

예제) 공작물의 단면과 외경을 가공한 후 공구가 그림과 같이 위치해 있을 때 공작물 원점 설정을 위한 프로그램을 작성하시오.

풀이:

G50 X80. Z10.;

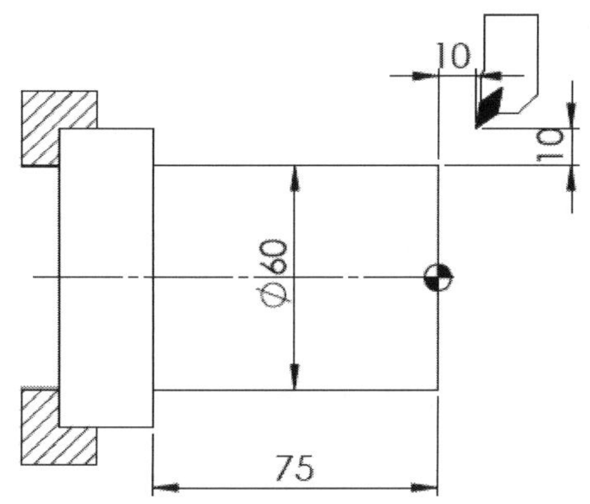

라. 단위계의 변환

공작기계의 단위를 지정할 때 사용하는 기능으로 기계좌표를 제외한 위치 좌표값, 옵셋량(보정량), 핸들(MPG)의 눈금, 일부 파라미터 등의 단위를 mm나 inch로 지정할 때 사용한다. 단위계로 변환은 일반적으로 좌표계 설정에 앞서 프로그램의 선두에 단독 블록으로 지령한다. 공작기계 전원을 On했을 때의 단위계는 전원을 Off하기 직전의 단위계가 설정되어 있으므로 주의해야 한다. 가공 도면과 같은 단위계로 공작기계의 단위계를 변환하여 사용하면 편리하다.

```
G20;
G21;
```

G20 : 인치 단위계로 변환
G21 : 미터 단위계로 변환

마. 회전당 이송과 분당 이송

이송은 회전당 이송과 분단이송이 있으며, 전원을 투입하면 선반계는 회전당 이송이 자동으로 선택되고, 밀링계는 분당 이송(G98) 지령이 자동으로 선택된다.

(1) 회전당 이송

회전당 이송은 공구를 주축 1 회전당 이동량을 지령하는 기능이다.

```
G99 F__ ;
```

F : 1 회전에 이동하는 공구의 이동량

이송단위 : mm/rev

지령범위 : F0.0001～F500.

(2) 분당 이송

분당 이송은 공구의 1분당 이동량을 F로 지령하는 기능이다. 공구를 절삭 이송시킬 때 사용한다.

```
G98 F__ ;
```

F : 1분당 공구의 이동량

이송단위 : mm/min

지령범위 : F1～F100000

4. 보조 기능

보조 기능은 공작기계의 보조 장치들을 제어하는 기능으로, 어드레스 M과 2자리 수치로 지령한다. 보조 기능은 한 블록에 1개만 유효하며, 2개 이상 지령하면 마지막에 지령한 보조 기능이 유효하다.

M-코드	기 능
M00	프로그램 실행정지 공작물 교환 작업 등을 하고 자동개시 버튼을 누르면 운전 재개
M01	프로그램 실행 선택 정지 M01 조작반의 스위치 ON일 때 정지, OFF 일 때 통과
M02	프로그램 실행 종료 커서 위치를 프로그램의 선두로 복귀시키는 기능이 있음
M04	주축 정회전 (시계방향 회전)
M05	주축 역회전 (반시계방향 회전)
M08	주축 정지
M09	절삭유 공급 조작반의 스위치 ON으로 절삭유 공급
M12	절삭유 공급 차단: 조작반의 스위치 OFF로 절삭유 차단
M13	척 물림 공작물을 척에 고정시키는 기능, 페달로 척물림이 가능
M14	심압대 센터 축 전진
M15	심압대 센터 축 후진
M30	프로그램 실행 종료 커서를 프로그램의 선두로 복귀시키는 기능과 재실행 기능이 있음
M40	주축 기어 중립위치
M41	주축 기어 저속위치
M42	주축 기어 중속위치
M43	주축 기어 고속위치
M48	주축 속도 변환가능 Override Switch의 사용으로 주축 속도 조절가능
M49	주축 속도 변환 불가능 Override Switch의 사용으로 주축 속도 조절 불가능
M98	부 프로그램 호출
M99	부 프로그램 실행 종료와 주프로그램으로의 복귀

5. 기타 기능

가. 공구의 선택

부품을 가공할 때에 황삭, 정삭, 홈, 나사가공 등에서 다양한 공구를 사용한다. 황삭 후 정삭을 할 때와 같이 공구를 교환할 때 사용하는 기능이 공구의 선택기능이다.

```
T□□00;
```

□□ : 선택할 공구번호(두 자리 숫자)

00 : 공구보정 취소

예)

T0100; (1번 공구로 교환)

T0200; (2번 공구로 교환)

T0300; (3번 공구로 교환)

나. 공구의 보정

공구대에 장착된 공구는 생크의 길이와 디자인, 선단의 인선 반경 R값, 인선방향 등이 모두 다르다. 다른 공구들이 기준 공구와 비교해서 발생하는 오차를 보정하여 공작기계가 정밀한 가공을 할 수 있도록 해야 한다.

선반가공에서 일반적으로 기준 공구는 1번 공구를 사용한다. 공구선택 번호와 공구보정 번호(Offset)는 반드시 같지 않아도 되지만 프로그램 작성 중에 발생하는 보정 실수를 줄이기 위해 같은 공구보정 번호를 사용한다.

(1) 공구 보정 기능

```
T□□△△;
```

□□ : 선택할 공구번호

△△ : 공구 보정번호

예)

T0100; (1번 공구선택)

T0303; (3번 공구선택, 공구 보정 번호 3번 선택)

T0502; (5번 공구선택, 공구 보정 번호 2번 선택)

(2) 공구의 길이 보정

기준 공구와 비교하여 발생하는 길이 오차를 보정해주는 기능이다. 공구보정은 공구보정번호에 입력된 값으로 설정되기 때문에 먼저 공구보정번호를 CNC 공작기계에서 보정 화면에서 기준공구와 비교하여 다른 공구들의 길이 오차를 입력한다.

예)

T0202; (2번 공구선택, 공구보정번호 02에 입력된 보정량만큼 이동하여 보정)

T0303; (3번 공구선택, 공구보정번호 03에 입력된 보정량만큼 이동하여 보정)

T0404; (4번 공구선택, 공구보정번호 04에 입력된 보정량만큼 이동하여 보정)

(1) 공구의 가상인선

작업자가 작성한 프로그램에 의해 공구가 지령된 좌표의 위치로 이동할 때 그 기준이 되는 공구의 기준점을 공구의 가상점이라 한다. 이것은 실제로 존재하지는 않으며 말 그대로 가상의 점이다. G00 X60. Z0.; 을 지령했을 경우 공구의 인선반경(R)을 보정한 경우에는 그림과 같이 공구는 날 끝 선단에 정확하게 위치하게 되며 인선반경을 보정하지 않으면 그림과 같이 공구는 가상점의 위치에 놓이게 된다. 이 가상점의 위치는 공구의 인선에 접하는 가상의 수평선과 수직선이 만나는 교점이며 인선반경 R의 크기와는 무관하나 R값이 큰 공구일수록 가상점과 공구 인선과의 거리는 더 멀어진다.

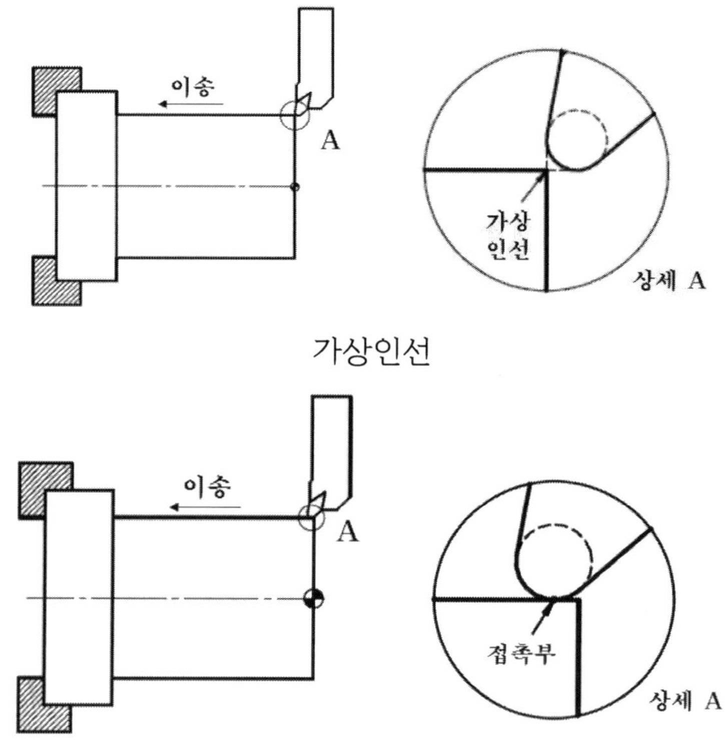

가상인선

외경가공시 공구선단의 위치

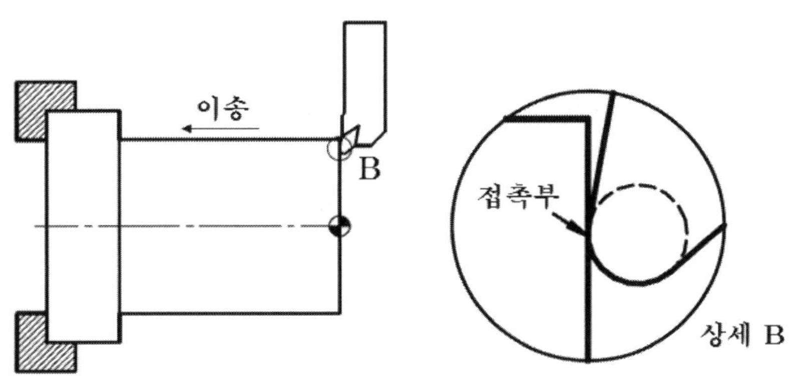

단면가공시 공구선단의 위치

(2) **공구 인선반경(R) 보정**(G40, G41, G42)

단면과 외경을 가공할 때 공작물과 공구 선단이 접촉하는 위치가 다르다. 공작물과 공구 선단이 접촉하는 위치가 공작물 원점을 설정할 때 기준이 되는 위치이므로 부품을 X 혹은 Z방향으로 각각 한 방향으로만 공구가 이송하면서 가공할 때에는 정확하게 가공된다.

공구의 인선반경(노즈반경) R값이 존재하기 때문에 테이퍼(taper) 혹은 원호를 가공할 때에는 공작물과 접촉되는 공구 선단의 위치가 X 혹은 Z 방향으로만 가공할 때와 다른 위치에서 접촉이 된다. 부품을 가공할 때에 인선반경 R값의 차이로 인한 가공 오차를 공작기계가 보상해주지 않으면 과대절삭 혹은 과소절삭이 발생한다.

인선반경 R값의 보정은 테이퍼 또는 원호를 가공할 때 공구인선 R보정은 인선반경 R값의 사이로 인한 가공 오차를 자동으로 보상해 주는 기능이다. 공구 인선 반경 보정 기능은 테이퍼 또는 원호가공의 이전 블록이나 공구가 가공 시작점으로 이동할 때 지령하고 가공 완료 후에 제2원점으로 복귀할 때 인선반경 보정을 취소한다. 먼저 공작기계에 공구의 인선 R값을 설정하고 공구인선 반경 보정 지령을 하여야 한다.

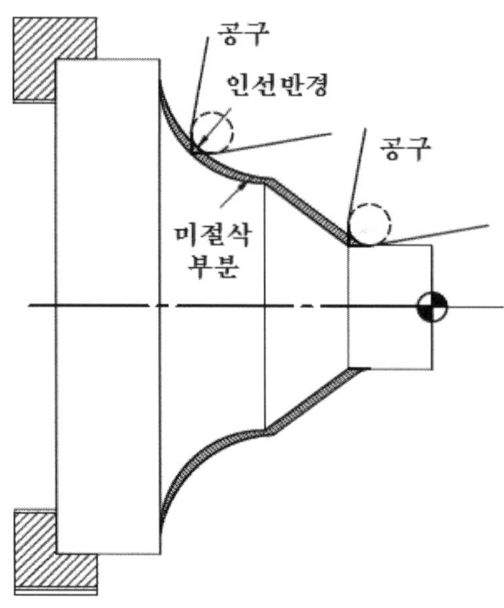

공구의 인선반경 보정을 무시한 경우의 가공 오차

```
G40 X(U)___ Z(W)___ ;
G41 X(U)___ Z(W)___ ;
G42 X(U)___ Z(W)___ ;
```

G40 : 지령된 좌표의 위치로 이동하면서 공구 인선반경 보정 취소
G41 : 지령된 좌표의 위치로 이동하면서 공구 인선반경 좌측 보정
G42 : 지령된 좌표의 위치로 이동하면서 공구 인선반경 우측 보정

G code	공구경로 설명
G40	프로그램 경로로 공구가 진행
G41	공구 진행방향으로 보았을 때 공구가 공작물의 좌측으로 이동하여 절삭이송
G42	공구 진행방향으로 보았을 때 공구가 공작물이 우측으로 이동하여 절삭이송

공구 인선반경 좌측 보정은 그림과 같이 공구 진행방향을 기준으로 공구가 공작물의 좌측으로 이송하여 보정하면서 가공하는 것을 공구 인선반경 좌측 보정 G41이라고 한다.

공구 인선반경 우측 보정은 그림과 같이 공구 진행방향을 기준으로 공구가 공작물의 우측으로 이송하여 보정하면서 가공하는 것을 공구 인선반경 우측 보정 G42라고 한다.

① 공구의 인선방향과 번호

CNC 선반에서 사용하는 공구의 종류와 가공하는 방향에 따라서 공구 인선 방향이 다르기 때문에 이를 구별하기 위해 공구인선을 기준으로 가상 공구 인선의 번호를 결정한다.

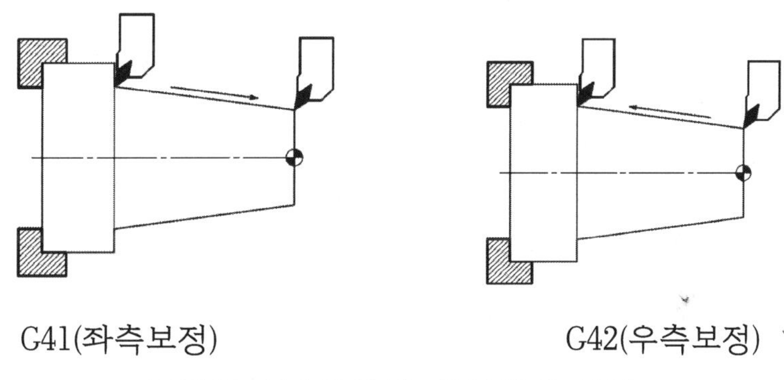

공구의 이송방향과 인선반경 보정

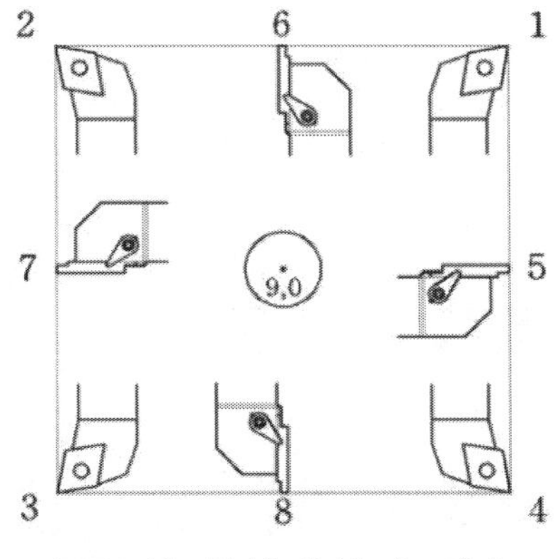

공구의 인선방향과 번호

② 공구 보정값 입력

공구 보정값을 설정하는 방법은 작업자가 직접 공작기계의 OFFSET(보정)화면에 수동 입력하는 방법과 프로그램 지령에 의한 방법이 있다.

• 수동으로 입력하는 방법

보정번호	X축	Z축	R	T
01	0.000	0.000	0.8	3
02	1.123	3.456	0.4	2
03	5.789	7.123	0.2	3
04	·	·	·	·
05	·	·	·	·

보정번호 : 공구의 보정 번호

X축 : X축의 공구 보정량

Z축 : Z축의 공구 보정량

R : 공구 날 끝 반경 보정량(인선 R)

T : 가상 날 끝 번호(1～8까지)

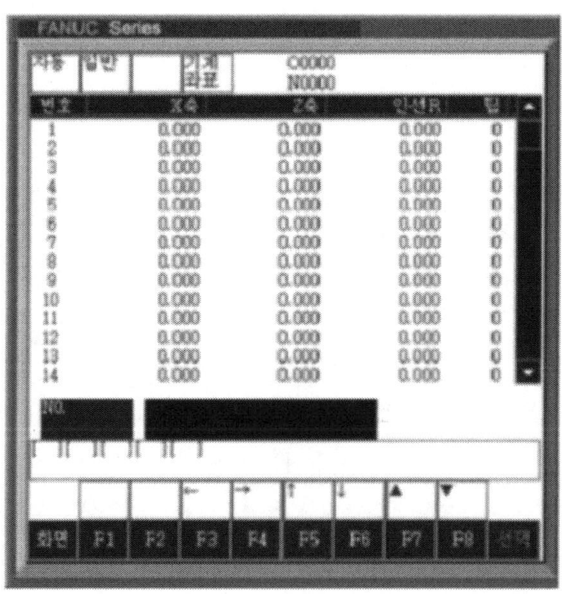

- **프로그램 지령에 의한 방법**

```
G10 P___ X___ Z___ R___ Q___ ;
G10 P ___ U___ W___ C___ Q___ ;
```

P : 보정번호
X : X축 방향의 옵셋(보정)량 절대치
Z : Z축 방향의 옵셋(보정)량 절대치
U : X축 방향의 옵셋(보정)량 증분치
W : Z축 방향의 옵셋(보정)량 증분치
R : 공구의 인선반경 절대치
C : 공구의 인선반경 증분치
Q : 공구의 가상인선 번호

6. 보간기능

가. 급속 위치 결정(G00)

지령된 위치로 공구를 급속 이송하여 이동하는 기능이며 Modal 지령이다. 공구가 가공 시점으로 이동할 때 혹은 가공 후에 지령된 위치로 신속하게 이동할 때 가공은 하지 않고 신속하게 위치를 이동할 때 사용한다.

```
G00 X(U)_ Z(W)_ ;
```

X(U) : 이동 종점의 X축 절대(증분)좌표
Z(W) : 이동 종점의 Z축 절대(증분)좌표

예제) 다음 도면에서 공구의 위치가 각각 A에서 B지점으로 급속 이동할 때 절대지령, 증분지령, 혼합지령 방식으로 각각 프로그램을 작성하시오.

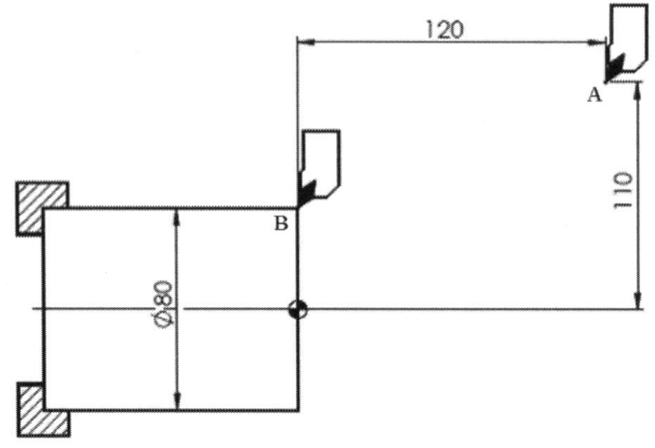

풀이:

A지점에서 B지점으로 급속 이동

절대지령 방식 G00 X80. Z0.;

증분지령 방식 G00 U-140. W-120.;

혼합지령 방식 G00 X80. W-120.;

혼합지령 방식 G00 U-140. Z0.;

나. 직선 보간(G01)

지령된 위치까지 공구가 이송속도 F로 직선 이동하면서 가공하는 기능이며 Modal 지령이다. G01 기능은 이송속도를 같이 지령해야 하며, 이송속도 F는 Modal 지령이다.

```
G01 X(U)_ Z(W)_ F_ ;
```

X(U) : 가공 종점의 X축 절대(증분)좌표

Z(W) : 가공 종점의 Z축 절대(증분)좌표

F : 이송 속도 (mm/rev)

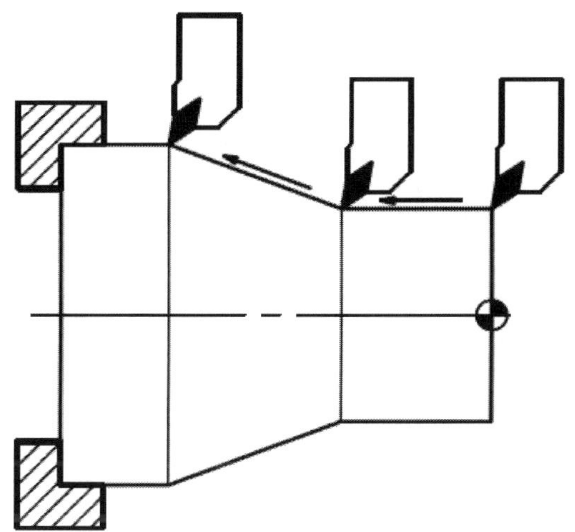

예제) 다음 도면과 같이 공구가 A지점에서 B지점으로 직선가공을 한다. 절대지령, 증분지령, 혼합지령 방식으로 프로그램을 작성하시오.(단, 이송속도는 0.3 mm/rev이다.)

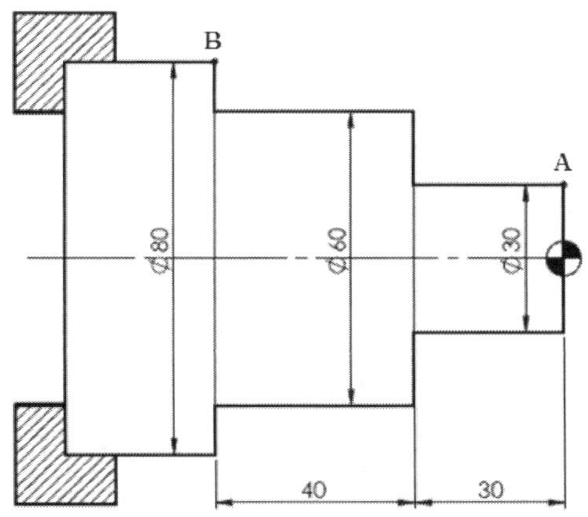

풀이:

절대지령 방식 G01 Z-30. F0.3;
X60.;
Z-70.;
X80.;

증분지령 방식 G01 W-30. F0.3;
U30.;
W-40.;
U20.;

혼합지령 방식 G01 Z-30. F0.3;
U30.;
Z-70.;
U20.;

혼합지령 방식 G01 W-60. F0.3;
X60.;
W-40.;
X80.;

예제) 다음 도면과 같이 공구가 A에서 B지점으로 직선 가공한다. 절대지령, 증분지령, 혼합지령 방식으로 프로그램을 작성하시오.(단, 이송속도는 0.2 mm/rev이다.)

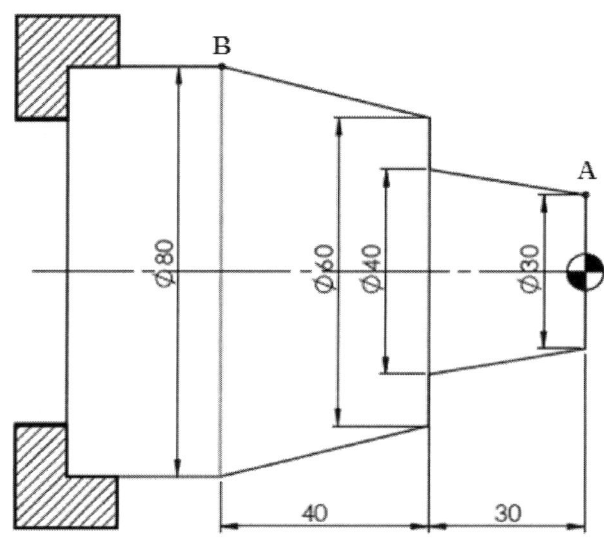

풀이:

절대지령 방식 G01 X40. Z-30. F0.2;
X60.;
X80. Z-70.;

증분지령 방식 G01 U10. W-30. F0.2;
U20.;
U20. W-40.;

혼합지령 방식 G01 X10. W-30. F0.2;
X60.;
X80. W-40.;

혼합지령 방식 G01 U10. Z-30. F0.2;
U20.;
U20. Z-70.;

다. 원호보간(G02, G03)

공구가 지령된 시점으로 이동 후에 종점까지 F의 이송속도로 반경 R의 원호를 시계방향 또는 반시계방향으로 원호를 가공하는 기능이다. 원호가공은 시계방향(CW) 원호가공은 G02 기능을 사공하고, 반시계방향(CCW) 원호가공은 G03 기능을 사용한다. 원호의 반경 R의 크기를 지령방법은 R 지령과 I, K 지령 두 가지 방법을 사용한다.

(1) R 지령을 사용하는 방법

공구는 현재의 위치에서 지령된 종점의 위치까지 원호를 가공할 때 시점과 종점을 반경 R로 연결하여 가공하는 방법으로 반적으로 많이 사용한다.

```
G02 X(U)____ Z(W)____ R___ F___ ;
G03 X(U)____ Z(W)____ R___ F___ ;
```

X(U) : 원호가공 종점의 X축 절대(증분)좌표

Z(W) : 원호가공 종점의 Z축 절대(증분)좌표

R : 원호의 반지름

F : 이송속도(mm/rev)

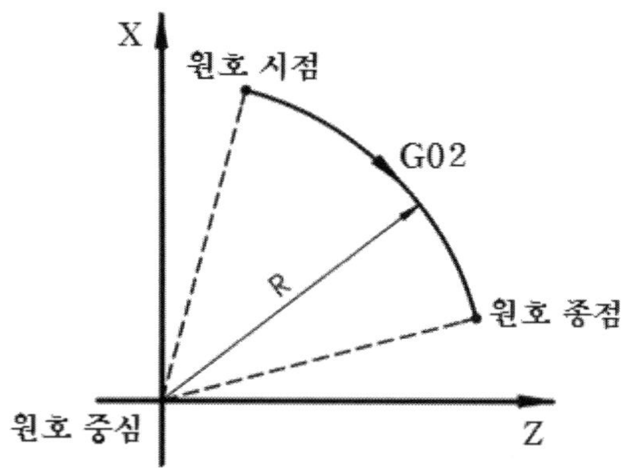

시계방향으로 원호 가공

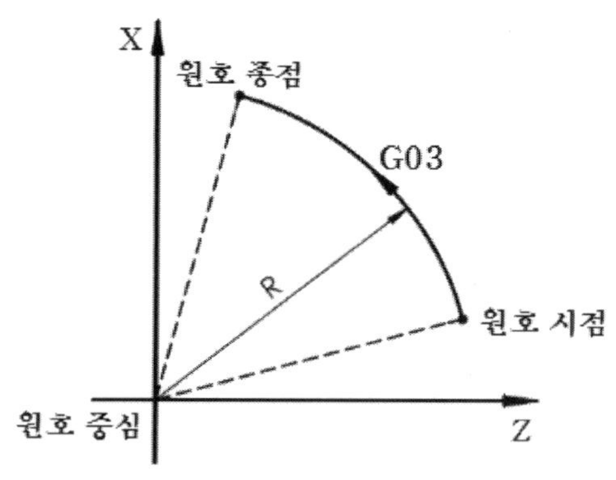

반시계방향으로 원호 가공

(2) I, K **지령을 사용하는 방법**

공구는 현재의 위치에서 지령된 종점의 위치까지 원호를 가공할 때 원

호의 시점으로부터 원호의 중심점까지 X, Z축 방향으로 떨어진 거리만큼 종점의 위치까지 원호를 가공한다.

```
G02 X(U)_____ Z(W)_____ I___ K___ F___ ;
G03 X(U)_____ Z(W)_____ I___ K___ F___ ;
```

X(U) : 원호가공 종점의 X축 절대(증분)좌표

Z(W) : 원호가공 종점의 Z축 절대(증분)좌표

I : 원호의 시점에서 중심점까지의 X축 방향 거리

K : 원호의 시점에서 중심점까지의 Z축 방향 거리

F : 이송속도(mm/rev)

원호의 시점에서 중심점까지의 거리 측정 방향에 따라 I, K의 부호는 원호의 시점을 기준으로 중심점까지의 거리가 +방향이면 I, K부호는 +이고, -방향이면 I, K부호는 -이다. CNC 선반에서 원호가공 공구의 회전 반경은 180° 이하이다.

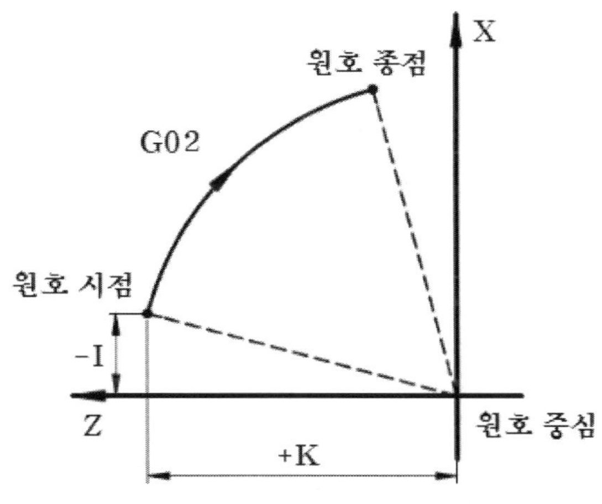

시계 방향으로 원호 가공

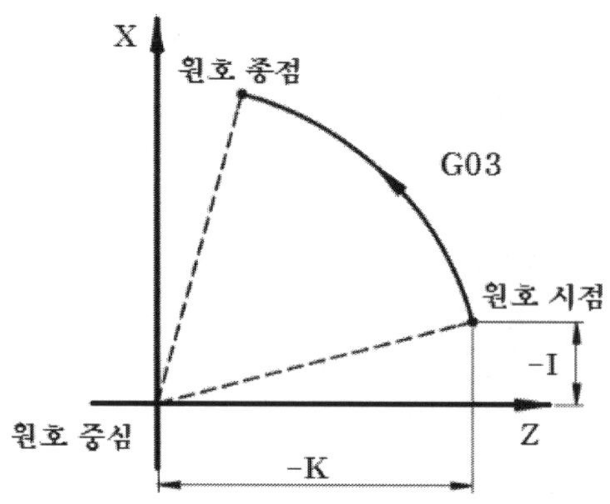

반시계 방향으로 원호 가공

지 령	의 미
G02	시계 방향으로 원호 가공
G03	반시계 방향으로 원호 가공
X, Z	공작물 좌표계에서 종점의 위치
U, W	시점에서 종점까지의 거리
R	원호의 반경
I, K	시점에서 중심까지의 거리

예제) 다음 도면과 같이 공구가 A에서 B지점으로 가공한다. 절대지령, 증분지령, 혼합지령 방식으로 프로그램을 작성하시오.(단, 이송속도는 0.2mm/rev이다.)

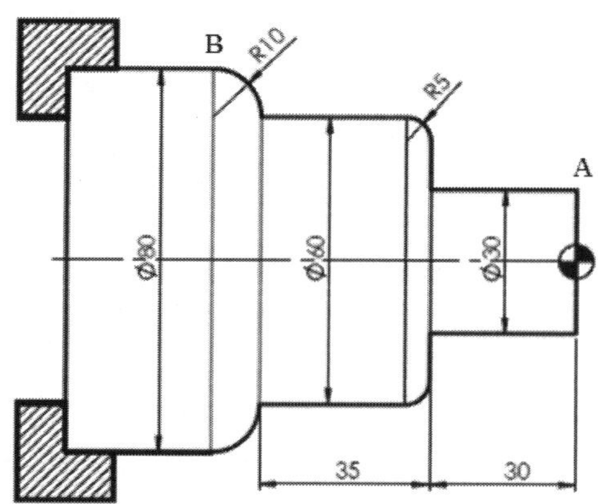

풀이:

절대지령 방식 G01 Z-30. F0.2;

X50.;

G03 X60. Z-35. R5. ;

G01 Z-65.;

G03 X80. Z-75. R10.;

증분지령 방식 G01 W-30. F0.2;

U20.;

G03 U10. W-5. R5. ;

G01 W-35.;

G03 U20. W-10. R10.;

혼합지령 방식 G01 Z-30. F0.2;

U20.;

G03 U10. Z-35. R5. ;

G01 Z-65.;

G03 U20. Z-75. R10.;

예제) 다음 도면과 같이 공구가 A에서 B지점으로 가공한다. 절대지령, 증분지령, 혼합지령 방식으로 프로그램을 작성하시오.(단, 이송속도는 0.2mm/rev이다.)

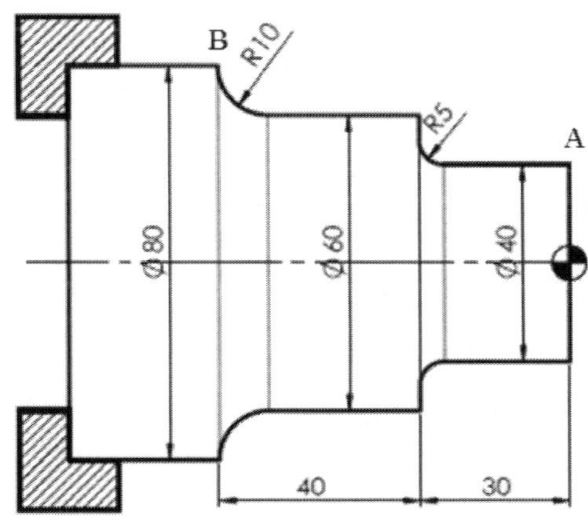

풀이:

절대지령 방식 G01 Z-25. F0.2;
G02 X50. Z-30. R5.;
G01 X60.;
Z-60.;
G02 X80. Z-70. R10.;

증분지령 방식 G01 W-25. F0.2;
G02 U10. W-5. R5.;
G01 U10.;
W-30.;
G02 U20. W-10. R10.;

혼합지령 방식 G01 W-25. F0.2;
G02 X50. W-5. R5.;
G01 X60.;
W-30.;
G02 X80. W-10. R10.;

라. 자동 모따기 기능

자동 모따기 기능은 G01 기능을 이용하여 직선가공과 모따기 가공을 한 번에 지령할 수 있는 기능이다. 자동 모따기 기능은 시점에서 직선가공을 하면서 이동하다가 종점에서 모따기 가공을 하며, 공구가 Z축으로 이동하면서 모따기하는 경우와 공구가 X축으로 이동하면서 모따기하는 경우가 있다.

(1) 공구가 Z축으로 이동하면서 모따기하는 경우

그림과 같이 공구는 시점 a부터 교점 b에서 Z축으로 r거리의 위치 d까지 직선가공하고 다시 위치 d로부터 X축으로 ±i 거리의 종점 c까지 45° 각도로 이동하면서 모따기한다.

G01 Z(W)__b__ C_±i_ F__ ;
G01 Z(W)__b__ I_±i_ F__ ;

Z(W) : 교점 b의 Z축 절대(증분)좌표
C : 모따기량 ± i
I : 모따기량 ± i
F : 이송속도(mm/rev)

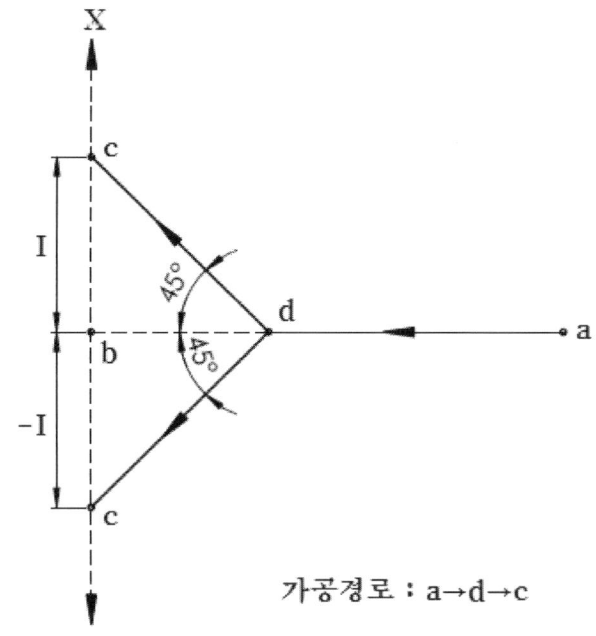

(2) **공구가 X축으로 이동하면서 모따기하는 경우**

그림과 같이 공구는 시점 a부터 교점 b에서 X축으로 k 거리의 위치 d까지 직선가공하고 다시 위치 d로부터 Z축으로 ±k 거리의 종점 c까지 45° 각도로 이동하면서 모따기한다.

```
G01 X(U)__b__ C_±k_ F___ ;
G01 X(U)__b__ K_±k_ F___ ;
```

X(U) : 교점 b의 X축 절대(증분)좌표

C : 모따기(모따기)량 ± k

K : 모따기(모따기)량 ± k

F : 이송속도(mm/rev)

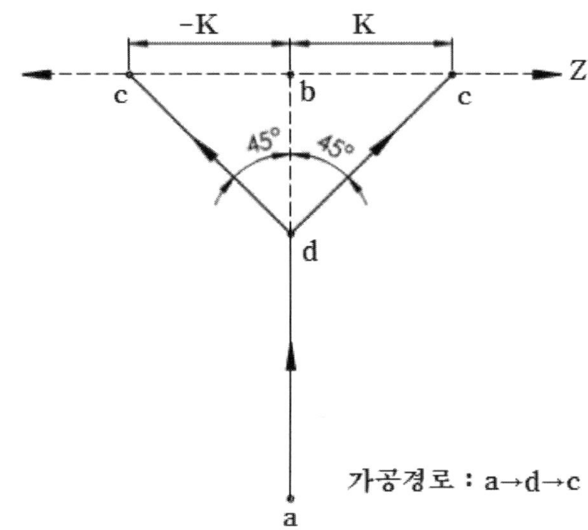

공구가 X축으로 이동하면서 모따기가공

예제) 다음 도면에서 공구가 A에서 B지점으로 가공한다. 일반 프로그램과 자동 모따기 가공 기능을 사용한 프로그램으로 각각 작성하시오. 공구의 이송속도는 0.2mm/rev이다.

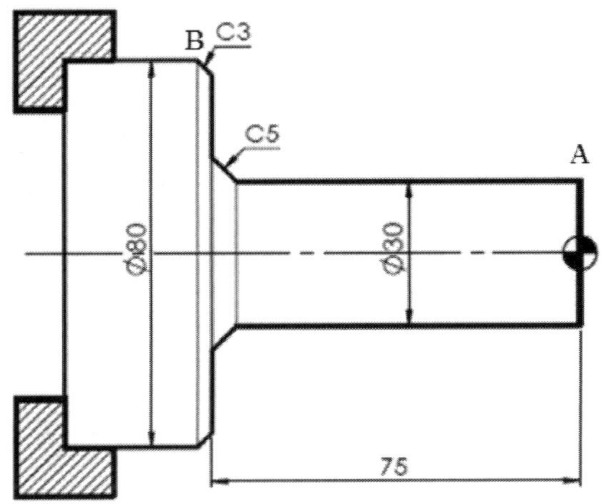

풀이:

일반 프로그램

```
G01 Z-70. F0.2;
X40. Z-80.;
Z-74.;
X80. Z-78.;
```

자동 모따기가공 절대지령

```
G01 Z-75. C5. F0.2;
X80. C-3.;
```

자동 모따기가공 증분지령

```
G01 W-75. C5.. F0.2;
U50. C-3.;
```

자동 모따기가공 혼합지령

```
G01 W-75. C5. F0.2;
X80. C-3.;
```

자동 모따기가공 혼합지령

```
G01 Z-75. C5. F0.2;
U50. C-3.;
```

마. 자동 코너 원호가공(R)

자동 코너 원호가공 기능은 G01 기능을 이용하여 직선가공과 코너 원호가공을 한 번에 지령할 수 있는 기능이다. 자동 코너 원호가공 기능은 시점에서 직선가공을 하면서 이동하다가 종점에서 G02, G03 기능을 사용하지 않고 원호가공을 하며, 공구가 Z축으로 이동하면서 코너 원호가공을 하는 경우와 공구가 X축으로 이동하면서 코너 원호가공을 하는 경우가 있다.

(1) 공구가 Z축으로 이동하면서 코너 원호가공을 하는 경우

그림과 같이 공구는 시점 a부터 교점 b에서 Z축으로 r거리의 위치 d까지 직선가공하고 다시 위치 d로부터 X축으로 ±r거리의 종점 c까지 반경 ±r의 원호를 가공한다.

```
G01 Z(W)__b__ R__±r__ F___ ;
```

Z(W) : 교점 b의 Z축 절대(증분)좌표

R : 코너 원호의 반지름 ± r

F : 이송속도(mm/rev)

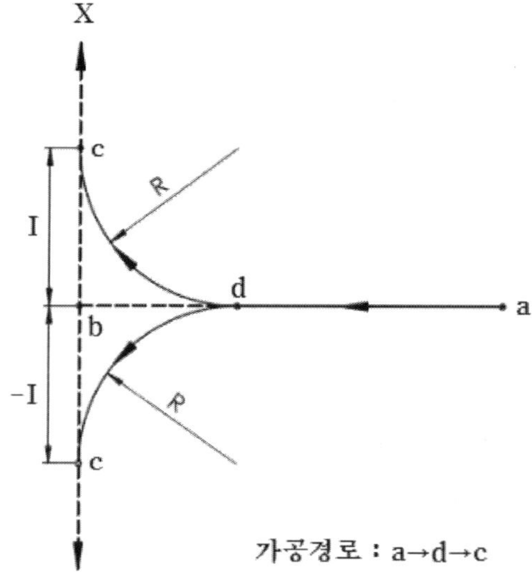

가공경로 : a→d→c

(2) **공구가 X축으로 이동하면서 코너 원호가공을 하는 경우**

그림과 같이 공구는 시점 a부터 교점 b에서 X축으로 r거리의 위치 d까지 직선가공하고 다시 위치 d로부터 Z축으로 ±r거리의 종점 c까지 반경 ±r의 원호를 가공한다.

```
G01 X(U)__b__ R__±r__ F___ ;
```

X(U) : 교점 b의 X축 절대(증분)좌표
R : 코너 원호의 반지름 ± r
F : 이송속도(mm/rev)

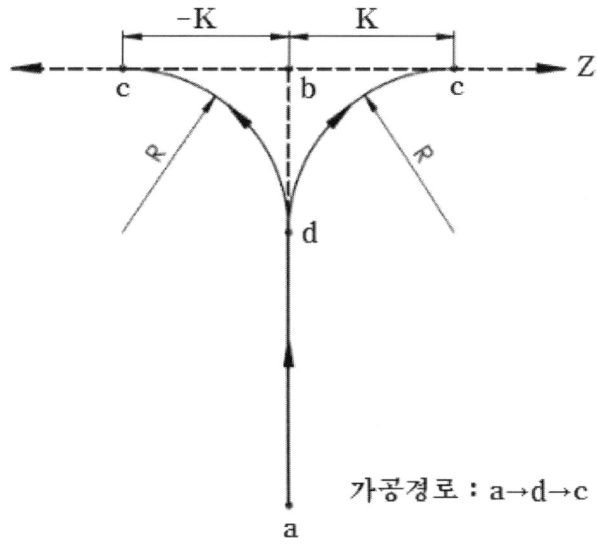

예제) 다음 도면에서 공구의 시점 A에서 종점 B까지를 가공할 때 일반 프로그램과 자동 코너 원호가공 기능을 사용한 프로그램으로 각각 작성하시오. 공구의 이송속도는 0.2mm/rev이다.

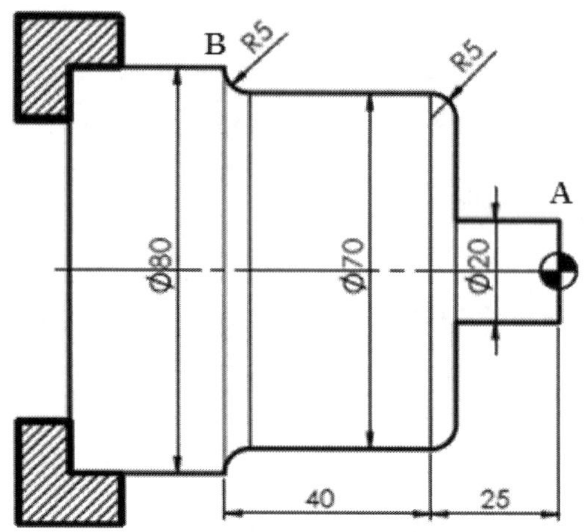

풀이:

일반 프로그램

```
G01 Z-20. F0.2;
X60.;
G03 X70. Z-25. R5.;
G01 Z-60.;
G02 X80. Z-65. R5.;
```

자동 코너원호가공 절대지령

```
G01 Z-20. F0.2;
X70. R-5.;
Z-65. R5.;
```

자동 코너원호가공 증분지령

```
G01 W-20. F0.2;
U50. R-5.;
W-40. R5.;
```

자동 코너원호가공 혼합지령

```
G01 Z-20. F0.2;
U50. R-5.;
Z-65. R5.;
```

예제) 다음 도면에서 공구의 A에서 B지점으로 가공한다. 일반 프로그램과 자동 코너 원호가공 기능을 사용한 프로그램으로 각각 작성하시오. 공구의 이송속도는 0.2mm/rev이다.

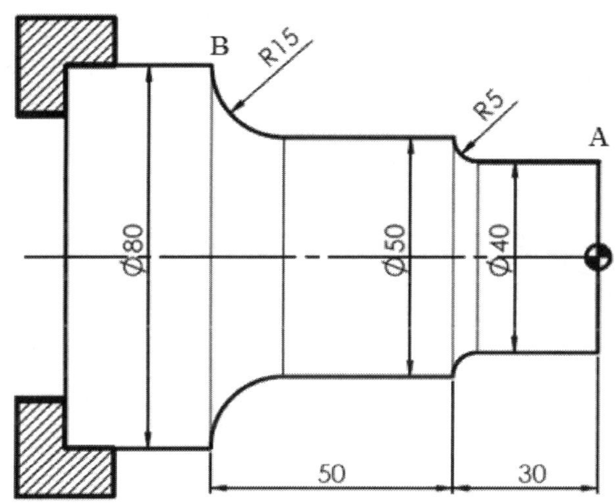

풀이:

일반 프로그램

```
G01 Z-25. F0.2;
G02 X50. Z-30. R2.;
G01 Z-65.;
G02 X80. Z-80. R15.;
```

자동 코너원호가공 절대지령

```
G01 Z-30. R5. F0.2;
Z-80. R15.;
```

자동 코너원호가공 증분지령

```
G01 W-30. R5. F0.2;
W-50. R15.;
```

바. **드웰 기능**(Dwell time G04)

드웰 기능은 지령된 시간동안 공구의 이송과 프로그램 진행을 정지시키는 기능이다. CNC 선반에서 홈 가공 시 종점의 좌표에서 공구를 일시 정지시키지 않고 이송하면서 가공하면 오차가 발생하기 때문에 이송을 일시적으로 정지하고 홈 가공을 해야 한다. G04 기능을 사용 시 공구의 이송만 정지되고 이미 지령된 주축의 회전이나 절삭유 급유 등 다른 기능은 계속 진행된다.

```
G04 P___ ;
G04 U___ ;
G04 X___ ;
```

P : 소수점 사용불가

U, X : 소수점 사용가능

최대 지령시간 : 9999.999(sec)

예) 공구가 1초간 이송을 정지하도록 지령

G04 P1000;

G04 U1.;

G04 X1.;

예제) 다음 도면과 같이 홈 가공을 하려 할 때 프로그램을 작성하시오.
(단, 홈 바이트 선단의 폭은 4mm, 이송속도는 0.08mm/rev로 한다.)

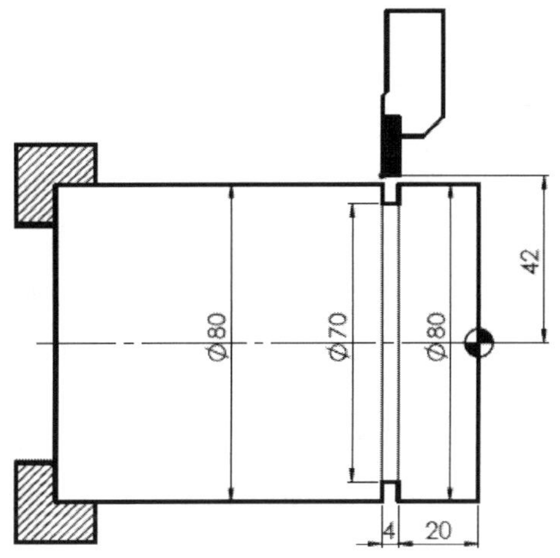

풀이:

G00 X84. Z-24.;

G01 X70. F0.08;

G04 P1000;

G00 X84.;

예제) 다음 도면과 같이 홈 가공을 하려 할 때 프로그램을 작성하시오.
(단, 홈 바이트 선단의 폭은 4mm, 이송속도는 0.08mm/rev로 한다.)

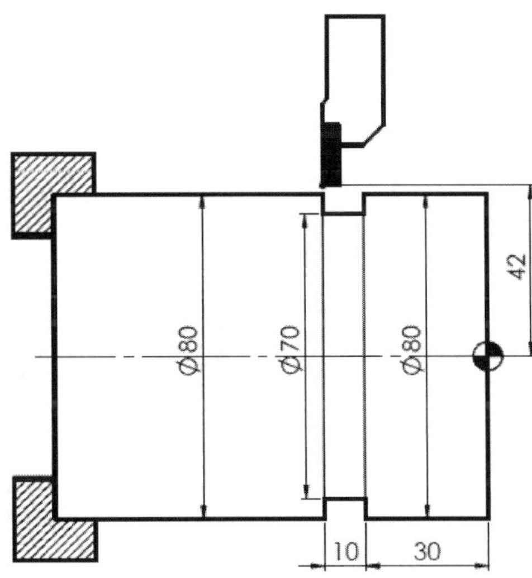

풀이:

```
G00 X84. Z-40.;
G01 X70. F0.08;
G04 P1000;
G00 X84.;
W3.;
G01 X70.;
G04 P1000;
G00 X84.;
W3.;
G01 X70.;
G04 P1000;
G00 X84.;
```

예제) 다음 도면과 같이 홈 가공을 하려 할 때 프로그램을 작성하시오.
(단, 홈 바이트 선단의 폭은 4mm, 이송속도는 0.08mm/rev로 한다.)

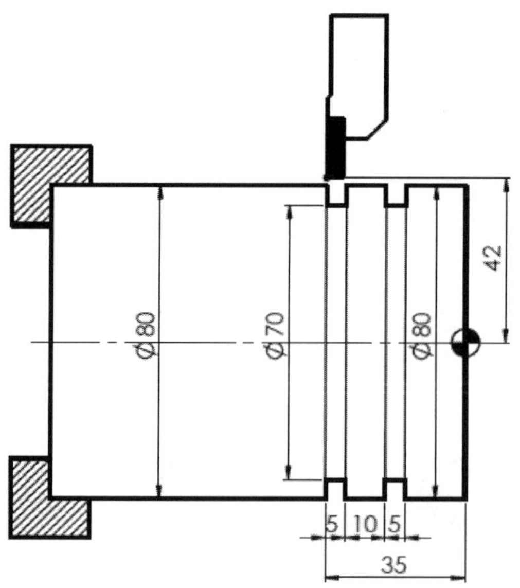

풀이:

```
G00 X84. Z-35.;
G01 X70. F0.08;
G04 P1000;
G00 X84.;
W1.;
G01 X70.;
G04 P1000;
G00 X84.;
Z-20.;
G01 X70.;
G04 P1000;
G00 X84.;
W1.;
G01 X70.;
G04 P1000;
G00 X84.;
```

7. 고정사이클 기능

부품을 가공할 때 절삭해야 할 부분이 많은 경우 많은 양의 절삭을 반복해서 할 필요가 있다. 이때 일반 프로그램 방식으로 프로그래밍하면 블록 수가 많아지고 매우 복잡해진다. 고정 사이클 기능을 지령하면 공구가 가공 초기점에서 사이클을 시작하여 급속이송 및 가공을 실행 후에 다시 가공 초기점으로 복귀하면서 사이클이 종료된다. 따라서 반복적인 절삭가공을 할 때 고정 사이클 기능을 사용하여 간단하게 프로그래밍을 할 수 있다. 가공 초기점은 고정 사이클 기능을 지령하기 직전의 공구 위치로 사이클의 시작과 종료 위치이므로 초기점의 위치 지정은 중요하다.

CNC 선반 프로그램에서 고정 Cycle은 단일형 고정사이클과 복합형 고정 사이클이 있다. 단일형 고정사이클은 지령하면 사이클을 1회 실행하기 때문에 가공량이 많은 경우 여러 Block으로 지령해서 가공해야 한다. 이때 절입량만큼 변경된 값만 지령하여 가공할 수 있다. 단일형 고정 사이클은 G90, G92, G94가 있다.

복합형 고정 사이클은 부품 도면의 형상을 프로그램에서 지령하면 황삭 가공과 정삭가공을 자동으로 할 수 있다. 복합형 고정사이클은 한 개의 블록으로 지령하면 자동으로 최종 형상으로 가공하며 G70, G71, G72, G73, G74, G75, G76이 있다.

가. **단일형 고정사이클 기능**

단일형 고정 사이클의 다음과 같다.

G 코드	기　　능
G90	내 · 외경 단일형 고정 사이클
G92	나사 절삭 사이클
G94	단면 절삭 사이클

(1) **내 · 외경 단일형 고정 사이클(G90)**

내 · 외경 단일형 고정 사이클은 공구가 지령된 절입량만큼 절입되어 내·외경을 가공한다. 공구는 지령된 절입깊이 만큼 X 방향으로 급속 이송하고 이송속도 F로 가공한다. 테이퍼 가공시에는 테이퍼량 R을 지령한다.

```
G90 X(U)___ Z(W)___ R___ F___ ;
```

X(U) : 가공 종점의 X축 절대(증분)좌표

Z(W) : 가공 종점의 Z축 절대(증분)좌표

R : 테이퍼량(± 반경값)

F : 이송속도(mm/rev)

공구의 이동경로는 1 → 2 → 3 → 4→ 1의 과정을 1Cycle로 초기점 1에서 시작하고 초기점 1로 복귀하며, 다음 그림과 같다. 절입량만큼 X방향의 좌표를 반복적으로 지령되면 ②와 ③의 위치만 이동하여 사이클이 반복 실행된다.

① → ② 급속이송　　　② → ③ 지령된 이송속도 F로 이송
③ → ④ 지령된 이송속도 F로 이송　　　④ → ① 급속이송

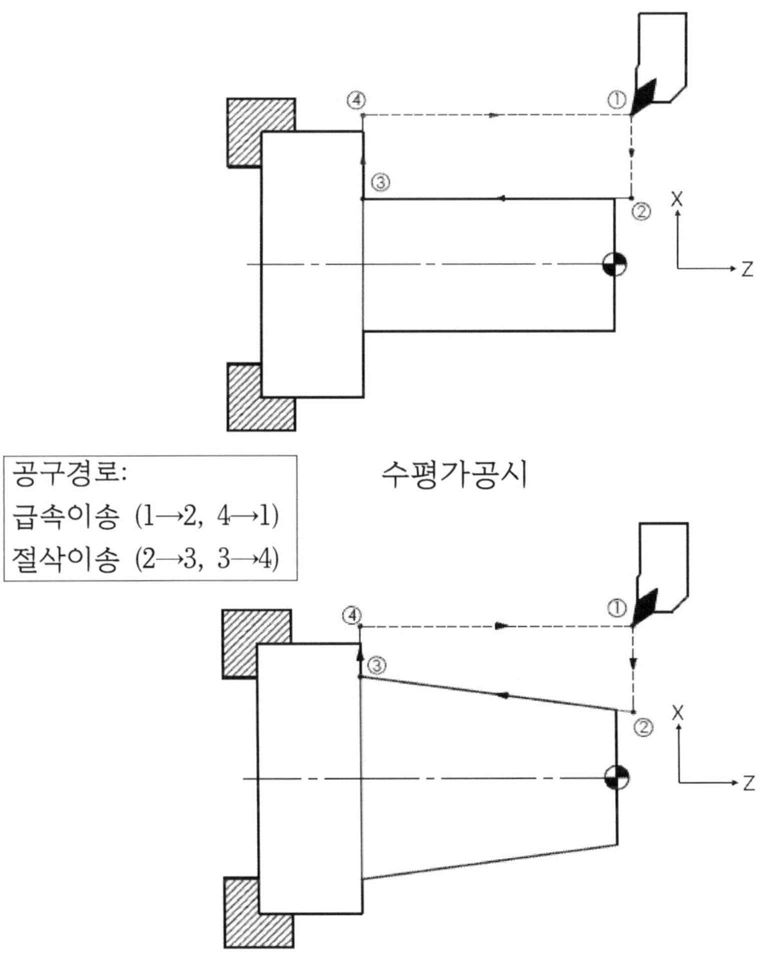

수평가공시

테이퍼 가공시

내 · 외경 절삭사이클 시 공구의 이동경로

테이퍼 가공을 할 때 테이퍼량 R의 부호는 공구가 절입하는 방향을 기준으로 결정한다. 그림과 같이 사이클의 가공 초기점 ①에서 ②점으로 공구가 절입하는 방향이 X축의 +방향으로 절입하면 R의 부호를 "+"로 하고 X축의 -방향으로 절입하면 R의 부호를 "-"로 한다.

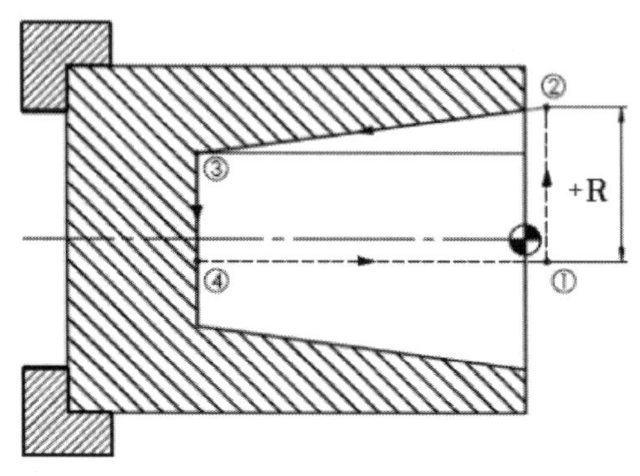

+R인 경우

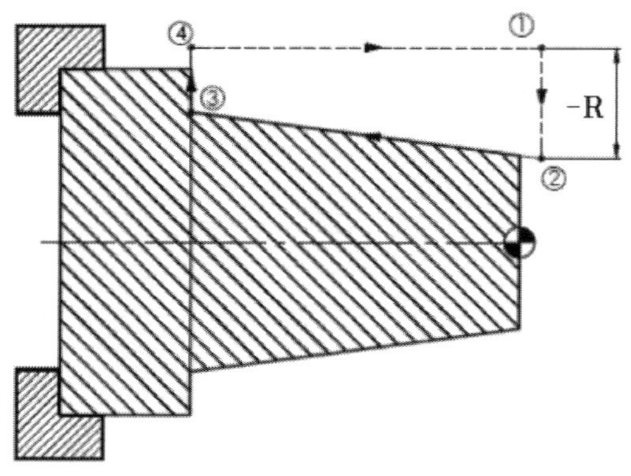

-R인 경우

테이퍼량 R 부호

예제) 다음 도면을 가공하기 위한 일반 프로그램 방식과 G90 기능을 사용한 프로그램으로 각각 작성하시오. 단, 1회 절입량 2mm, 제2원점의 좌표 X150. Z200., 주축 최고 회전수 3000rpm, 절삭속도 180m/min, 이송속도는 0.2mm/rev이다.

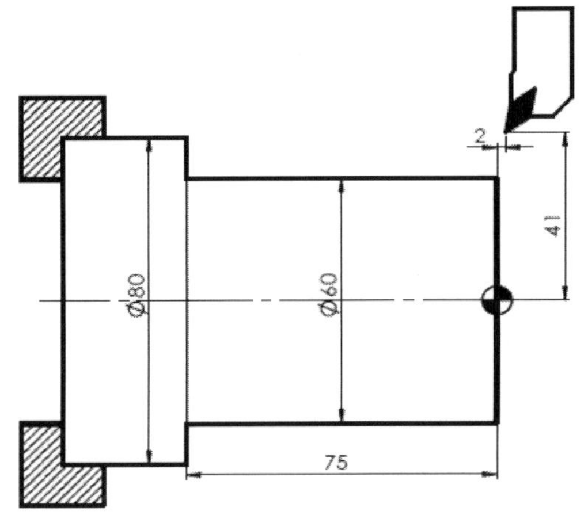

풀이:

<u>일반 프로그램</u>

O0010;

G30 U0. W0.; (제2원점 복귀)

G50 X150. Z200. S3000 T0100; (공작물 원점 설정, 주축 최고 회전수 3000rpm 제한, 1번 공구 교환)

G96 S180 M03; (주속 일정제어 180m/min, 주축 정회전)

G00 X82. Z3. T0101 M08; (급속이송, 1번 공구 보정, 절삭유 급유)

X76.; (절입량 2mm)

G01 Z-75. F0.2;

X82.;

G00 Z3.;

X72.; (절입량 2mm)

G01 Z-75.;

X82.;

G00 Z3.;

X68.; (절입량 2mm)

G01 Z-75.;

X82.;

```
G00 Z3.;
X64.; (절입량 2mm)
G01 Z-100.;
X82.;
G00 Z3.;
X60.; (절입량 2mm)
G01 Z-100.;
X82.;
G00 X100. Z200. T0100 M09; (급속이송, 공구보정 취소, 절삭유 급유 정지)
M05; (주축 정지)
M02; (프로그램 종료)
```

G90 기능을 사용한 프로그램

```
O0010;
G30 U0. W0.; (제2원점 복귀)
G50 X150. Z200. S3000 T0100;
G96 S150 M03;
G00 X82. Z3. T0101 M08; (가공 초기점)
G90 X76. Z-100. F0.2; (G90 사이클 시작, 절입량 2mm)
X72.; (절입량 2mm)
X68.; (절입량 2mm)
X64.; (절입량 2mm)
X60.; (절입량 2mm)
G00 X100. Z200. T0100 M09;
M05;
M02;
```

예제) 다음 도면을 가공하기 위한 프로그램을 G90 기능을 이용하여 작성하시오. 단, 1회 절입량은 2.0mm, 제2원점의 좌표 X150. Z200., 주축 최고 회전수 3000rpm, 절삭속도 180m/min, 공구의 이송속도는 0.25mm/rev이다.

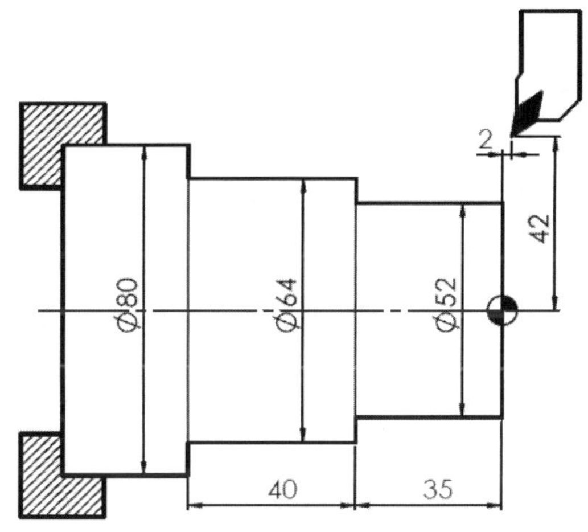

풀이:

```
O0010;
G30 U0. W0.;
G50 X150. Z200. S3000 T0100;
G96 S180 M03;
G00 X84. Z3. T0101 M08;
G90 X76. Z-75. F0.3;
X72.;
X68.;
X64.;
G00 X66.;
G90 X60. Z-35.;
X56.;
X52.;
```

```
G00 X150. Z150. T0100 M09;
M05;
M02;
```

예제 5.26

다음 도면을 가공하기 위한 프로그램을 G90 기능을 사용하여 작성하시오. 단, 1회 절입량은 2mm, 제2원점의 좌표 X150. Z200., 주축 최고 회전수 3000rpm, 절삭속도 200m/min, 공구의 이송속도는 0.2mm/rev이다.

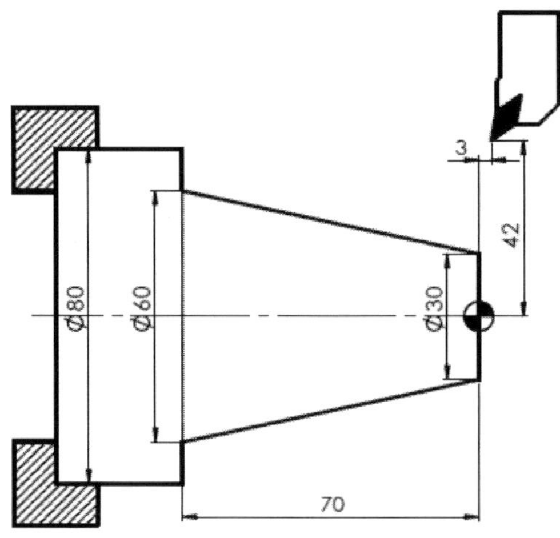

풀이:

테이퍼량을 비례관계를 이용하여 계산한다.

$$R = \frac{73 \times 10}{70} = 10.43$$

```
O0010;
G30 U0. W0.;
G50 X150. Z200. S3000 T0100;
G96 S200 M03;
G00 X84. Z3. T0101 M08;
```

```
G90 X76. Z-70. R-10.43 F0.2;
X72.;
X68.;
X64.;
X60.;
G00 X150. Z150. T0100 M09;
M05;
M02;
```

예제) 다음 도면을 가공하기 위한 프로그램을 G90 기능을 이용하여 프로그램을 작성하시오. 단, 1회 절입량은 2mm, 제2원점의 좌표 X150. Z200., 주축 최고 회전수 3000rpm, 절삭속도 200m/min, 공구의 이송속도는 0.2mm/rev이다.

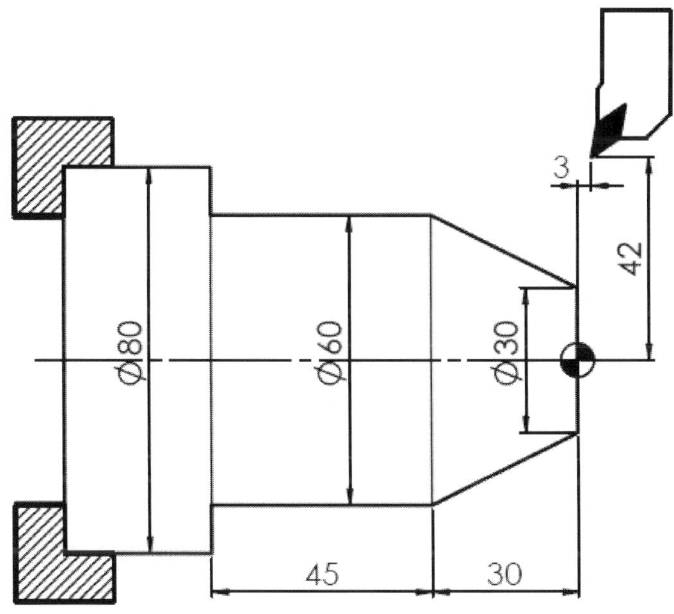

풀이:

테이퍼량을 비례관계를 이용하여 계산한다.

$$R = \frac{33 \times 10}{30} = 11.0$$

```
O0010;
G30 U0. W0.;
G50 X150. Z200. S3000 T0100;
G96 S200 M03;
G00 X84. Z3. T0101 M08;
G90 X76. Z-75. F0.2;
X72.;
X68.;
X64.;
X60.;
G00 X62.;
G90 X56. Z-30. R-11. F0.2;
X54.;
X50.;
X46.;
X42.;
X38.;
X34.;
X30.;
G00 X150. Z200. T0100 M09;
M05;
M02;
```

(2) 나사 절삭 사이클(G92)

나사 절삭 사이클은 공구가 프로그램에 지령된 절입량만큼 절입되어 내 · 외경 나사를 가공한다. 공구는 지령된 X 방향의 절입 깊이로 급속 이송한 후 이송속도 F로 이동하면서 나사를 가공한다. 테이퍼 나사 가공시에는 테이퍼량 R을 지령한다. 테이퍼량 R의 부호 결정 방법은 G90기능과 동일하다.

```
G92 X(U)__ Z(W)__ R__ F__ ;
```

X(U) : 나사가공 종점의 X축 절대(증분)좌표(1회 절입시 나사 골지름)

Z(W) : 나사가공 종점의 Z축 절대(증분)좌표(나사가공 길이, Chamfer가 끝나는 지점으로 불완전 나사부 포함)

R : 테이퍼량(±, 반경값)

F : 나사의 리드(혹은 이송속도(mm/rev))

공구 이동경로

공구의 경로가 1 → 2 → 3 → 4 → 1의 과정을 1Cycle로서 1회 나사가공하고 초기점으로 자동 복귀하여 1회 사이클이 종료한다. 나사가공의 Z축 방향 종점 ③지점을 기준으로 1피치 전에 45° 각도로 가공하면서 나온다. 나사 절삭 사이클 1회 가공으로 나사 가공을 완성할 수 없기 때문에 반복적으로 절입량을 지령하여 반복 가공하여 완성한다. 절입량을 반복 지령하면 ②와 ③지점의 위치만 달라지고 사이클은 반복적으로 실행된다. 나사가공의 절입횟수와 절입량은 작업자의 경험 혹은 핸드북을 참고 한다.

① → ② 급속이송　　② → ③ 지령된 F로 이송

③ → ④ 급속이송　　④ → ① 급속이송

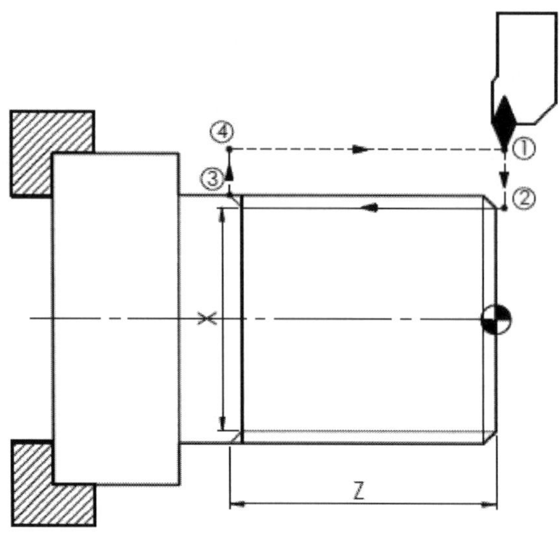

공구의 이동경로(수평 나사 가공)

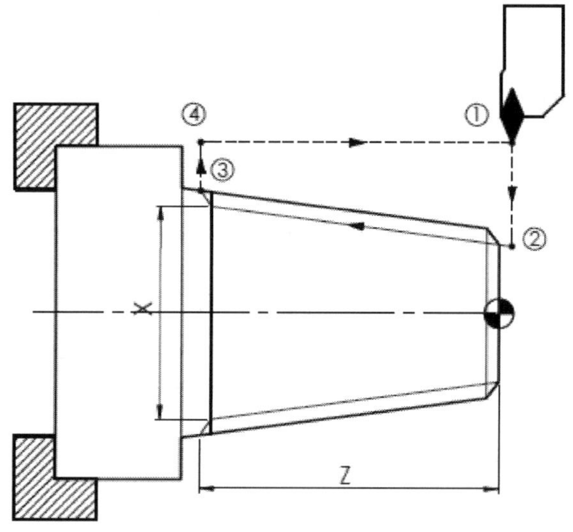

공구의 이동경로(테이퍼 나사 가공)

예제) 아래 도면과 같이 나사가공을 하기 위한 프로그램을 G92 기능을 이용하여 프로그램을 작성하시오. 단, 제2원점의 좌표 X150. Z200., 회전수 500rpm, 피치는 2mm, 3번 공구사용, 1회 절입량 0.5mm, 2회 절입량 0.25mm, 3회 절입량 0.25mm, 4회 절입량 0.19mm로 한다.

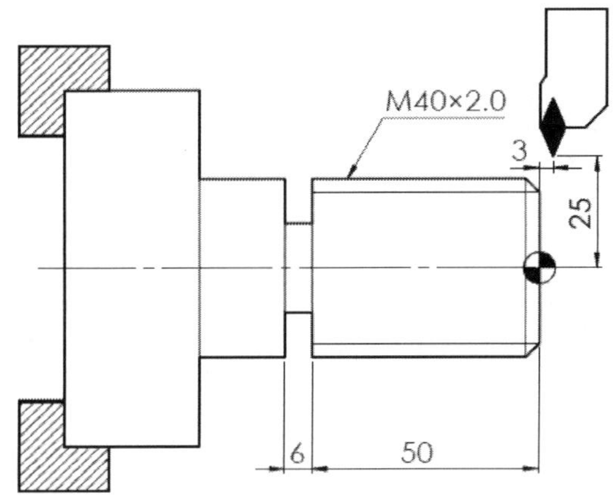

풀이:

```
O0010;
G30 U0. W0.;
G50 X150. Z200. S3000 T0300;
G97 S500 M03;
G00 X50. Z3. T0303 M08;
G92 X39. Z-53. F2.; (나사의 리드=나사줄수×피치=1×2, 나사의 리드
                     F=2mm)
X38.5;
X38.;
X37.62;
G00 X150. Z200. T0300 M09;
M05;
M02;
```

예제) 아래 도면과 같이 나사가공을 하기 위한 프로그램을 G92 기능을 이용하여 작성하시오. 단, 제2 원점의 좌표 X150. Z200., 회전수 500rpm, 피치는 1.5mm, 3번 공구사용, 1회 절입량 0.5mm, 2, 3, 4, 5회 절입량 0.2mm로 한다.

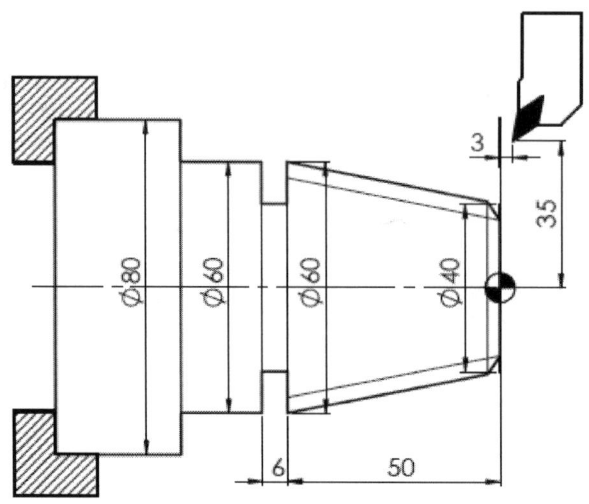

풀이:

```
O0010;
G30 U0. W0.;
G50 X150. Z200. S3000 T0300;
G97 S500 M03;
G00 X35. Z5. T0303 M08;
G92 X61.2 Z-53. R-10.6 F1.5; (나사의 리드=나사줄수×피치=1×1.5mm,
                              나사의 리드 F=1.5mm)
X60.2;
X59.8;
X59.4;
X59.;
G00 X150. Z200. T0300 M09;
M05;
M02;
```

(3) 단면 절삭 사이클(G94)

단면 절삭 사이클은 공구가 프로그램에 지령된 절입량만큼 절입되어 단면을 가공한다. 공구는 지령된 Z 방향의 절입 깊이로 급속 이송한 후 이송속도 F로 이동하면서 단면을 가공하며, 이후, 반복적으로 절삭 깊이를 지령하면 반복적으로 단면을 가공한다. 테이퍼 단면 가공시에는 테이퍼량 R을 포함하여 지령한다.

```
G94 X(U)__ Z(W)__ R__ F__ ;
```

X(U) : 단면가공 종점의 X축 절대(증분)좌표(가공종점 좌표, ③점의 좌표)

Z(W) : 단면가공 종점의 Z축 절대(증분)좌표(가공종점 좌표, ③점의 좌표)

R : 테이퍼량(±, 반경 값)

F : 이송속도(mm/rev)

테이퍼량 R의 부호는 테이퍼 가공을 할 때 공구가 절입되는 방향에 의해 결정된다. 사이클 초기점 ①에서 ②점으로 이동하는 방향이 Z축의 +방향이면 R의 부호는 "+"로 결정되고 Z축의 -방향이면 R의 부호는 "-"로 결정된다.

공구 이동경로

① → ② 급속이송	② → ③ 지령된 F로 이송
③ → ④ 지령된 F로 이송	④ → ① 급속이송

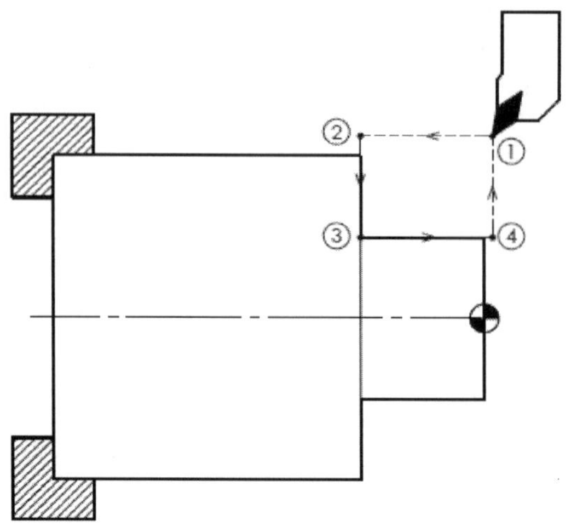

공구의 이동경로(수직 단면 가공)

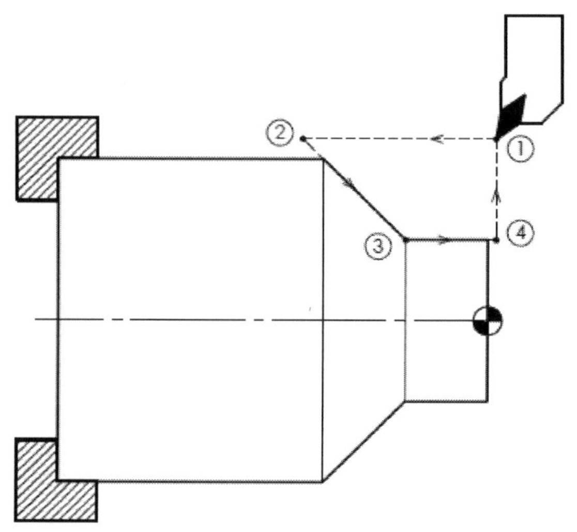

공구의 이동경로(테이퍼 단면 가공)

테이퍼량 R의 부호는 테이퍼 가공을 위해 공구가 절입되는 방향에 따라 결정된다. 즉, 그림과 같이 테이퍼 가공 종점 ③을 기준으로 하여 ②점의 위치에 따라 결정이 된다. 사이클 초기점 ①에서 ②점으로 진행되는 방향이 Z축의 +방향이면 R의 부호는 "+"로 결정되고 -방향이면 R의 부호는 "-"로 결정된다.

예제) 아래 도면과 같이 단면가공을 하기 위한 프로그램을 G94 기능을 이용하여 작성하시오. 단, 제2원점의 좌표 X150. Z200., 절삭속도 150m/min, 1번 공구를 사용하여 절입량 2mm로 총 10회 가공하며 이송은 0.2mm/rev이다.

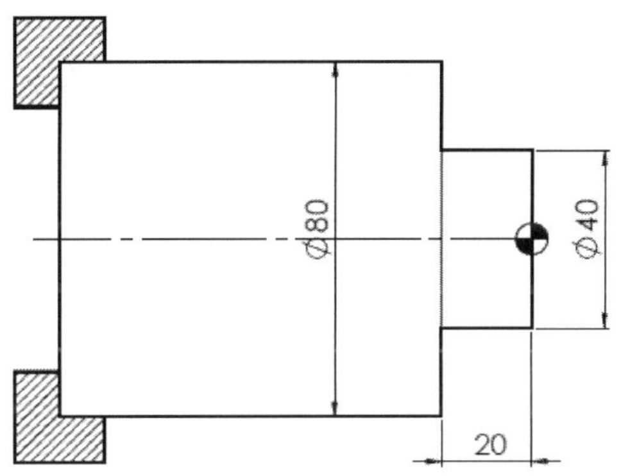

풀이:

```
O0010;
G30 U0. W0.;
G50 X150. Z200. S3000 T0100;
G96 S150 M03;
G00 X82. Z3. T0101 M08;
G94 X40. Z-2. F0.2;
Z-4.;
Z-6.;
Z-8.;
Z-10.;
Z-12;
Z-14;
Z-16;
Z-18;
```

```
Z-20;
G00 X150. Z200. T0100 M09;
M05;
M02;
```

예제 5.31

다음 도면과 같이 단면 테이퍼 가공을 하기 위한 프로그램을 G94 기능을 이용하여 작성하시오. 단, 제2원점의 좌표 X150. Z200., 절삭속도 150m/min, 1회 절입량 2mm로 가공하며 이송은 0.25mm/rev이다.

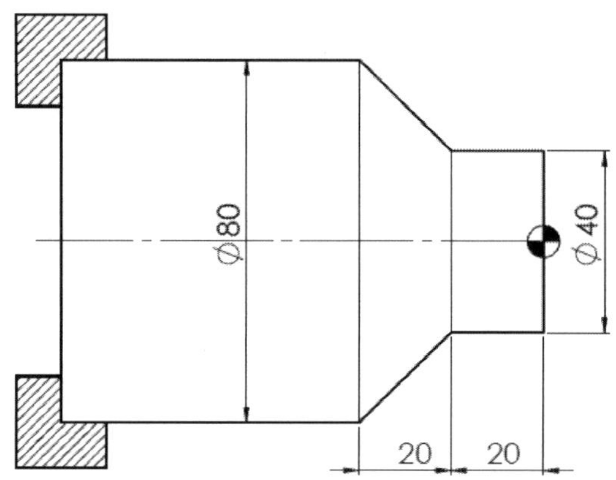


```
O0010;
G30 U0. W0.;
G50 X150. Z200. S3000 T0100;
G96 S150 M03;
G00 X80. Z3. T0101 M08;
G94 X40. Z-2. R-10.5 F0.25;
Z-4.;
Z-6.;
Z-8.;
```

```
Z-10.;
Z-12.;
Z-14.;
Z-16.;
Z-18.;
Z-20.;
G00 X150. Z200. T0100 M09;
M05;
M02;
```

나. 복합형 고정 사이클 기능

G 코드	기 능
G70	정삭가공 사이클
G71	내외경 황삭 가공 사이클
G72	단면 황삭 가공 사이클
G73	모방 절삭 사이클
G74	단면 홈 가공 사이클
G75	내외경 홈 가공 사이클
G76	자동 나사 가공 사이클

(1) 내 · 외경 황삭 사이클(G71)

내 · 외경 황삭 가공 복합형 고정 사이클은 최종 가공 형상과 정삭 여유량, 절삭 조건 등을 지령하면 최종 가공 형상을 자동으로 내 · 외경 황삭 가공하는 기능이다. 공구가 자동으로 절입, 가공, 이탈, 복귀의 과정을 반복하면서 최종 가공 형상의 정삭 여유량만 남겨 놓고 초기점으로 복귀한다.

내 · 외경 황삭 가공 복합형 고정 사이클의 가공조건은 1회 절입량, 공구 도피량, 정삭 여유량, 이송속도 등이 있다. 1회 절입량은 내 · 외경 원주둘레가 가공되기 때문에 반경값으로 지령한다. 도피량은 X축 방향 공구 후퇴량으로 그림과 같이 45° 각도로 후퇴한다. 고정 사이클 프로그램에서 보조 프로그램과 고정 사이클 최종 블록에서 자동 모따기 및 자동 코너 R가공 기능은 사용할 수 없다.

```
G71 U_u1_ R_r_ ;
G71 P_p_ Q_q_ U_u2_ W_w_ F_f_ ;
N_p_ G00 X___ ; ← G00 지령은 필수
       G01 Z___ ;
        .
        .
        .
N_q_  ________;
```

u1 : 1회 절입량

r : 공구 도피량

p : 고정 사이클 구역을 지정하는 첫 번째 블록의 전개 번호

q : 고정 사이클 구역을 지정하는 마지막 블록의 전개 번호

u2 : X축 방향 정삭 여유량(±부호, 직경치로 지령)

w : Z축 방향 정삭 여유량(±부호)

f : 황삭가공의 이송속도(mm/rev)

공구 이동경로는 공구가 ① 지점에서 45° 각도로 ② 지점으로 이동하고 지령된 절입량만큼 ③ 지점으로 급속 이송 후 F 이송속도로 이동하면서 ④ 지점까지 수평 황삭가공한 후에 45° 각도로 공구 도피량 r만큼 후

퇴하여 ⑤ 지점까지 이동하는 사이클을 그림과 같이 반복 실행한다. 가공이 종료되면 공구는 가공 초기점으로 복귀한다.

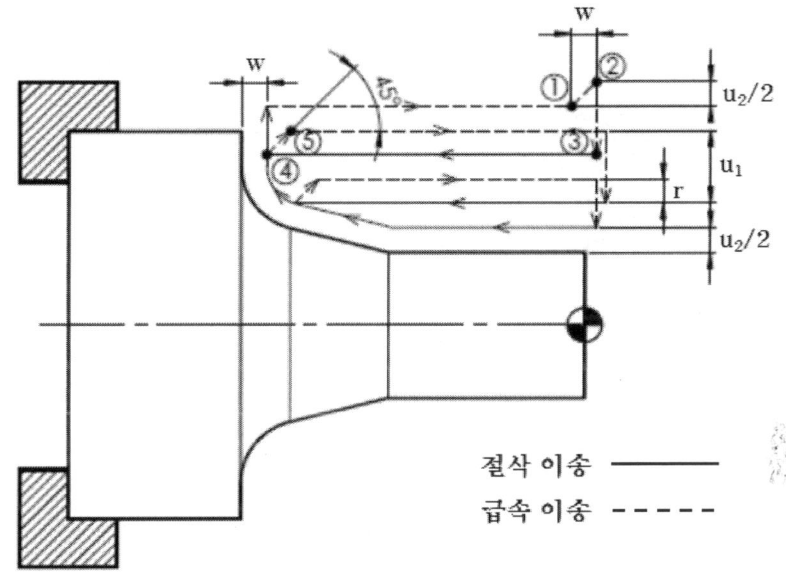

내 · 외경 황삭가공 사이클의 공구 이동경로

정삭 여유량의 부호는 정삭가공 후의 최종 형상을 기준으로 X축 및 Z축의 각 방향의 여유량이 각 축의 +방향에 남아 있으면 "+" 부호를, 각 축의 -방향에 남아 있으면 "-" 부호를 지령한다.

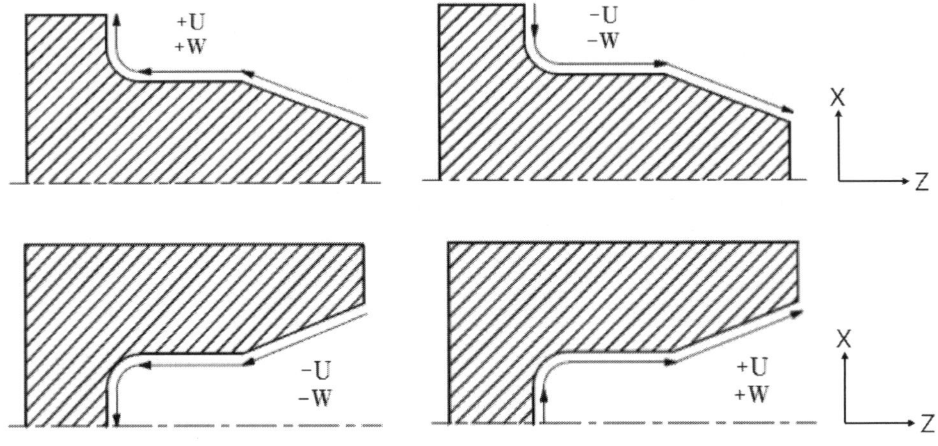

정삭 여유량의 부호 결정

예제) 다음 도면을 가공하기 위한 프로그램을 G71 황삭 사이클 기능을 이용하여 작성하시오. 단, 제2원점의 좌표 X150. Z200., 절삭속도 150 m/min, 1회 절입량 1mm, X축 방향 정삭 여유량 0.3mm, Z축 방향 정삭 여유량 0.2mm, 도피량 0.5mm로 하고 이송속도는 0.2mm/rev이다.

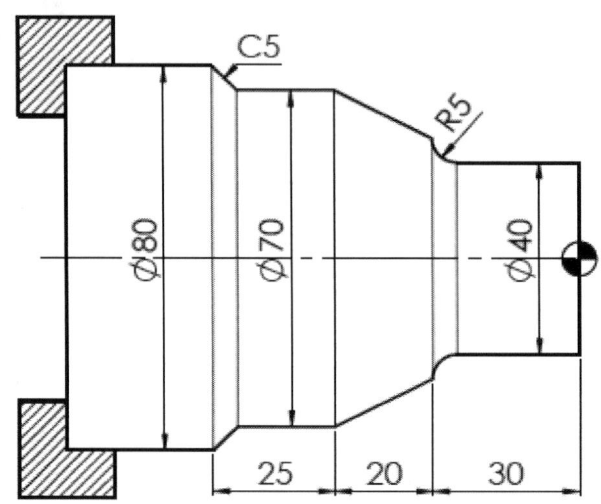

풀이:

```
O0010;
G30 U0. W0.;
G50 X150. Z200. S3000 T0100;
G96 S150 M03;
G00 X82. Z3. T0101 M08;
G71 U1. R0.5;
G71 P100 Q200 U0.3 W0.2 F0.2;
N100 G00 G42 X40.;
G01 Z-25.;
G02 X50. Z-30.;
G01 X70. Z-50.;
```

```
Z-70.;
N200 X80. Z-75.;
G00 G40 X150. Z200. T0100 M09;
M05;
```

예제) 다음 도면을 가공하기 위한 프로그램을 G71 황삭 사이클 기능을 이용하여 작성하시오. 단, 제2원점의 좌표 X150. Z200., 절삭속도 150m/min, 1회 절입량 1.5mm, X축 방향 정삭 여유량 0.3mm, Z축 방향 정삭 여유량 0.2mm, 도피량 0.5mm로 하고 이송속도는 0.2mm/rev이다.

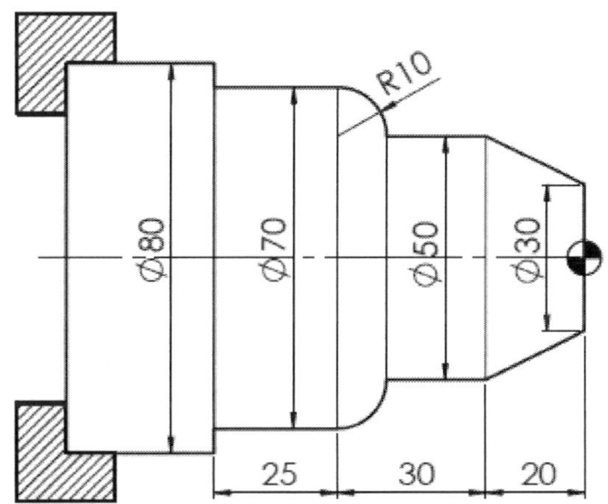


```
O0010;
G30 U0. W0.;
G50 X150. Z200. S3000 T0100;
G96 S150 M03;
G00 X82. Z3. T0101 M08;
G71 U1.5 R0.5;
G71 P100 Q200 U0.3 W0.2 F0.2;
N100 G00 G42 X40.;
```

```
G01 Z0.;
X50. Z-20.;
Z-40.;
G03 X70. Z-50. R10.;
G01 Z-75.;
N200 X82.;
G00 G40 X150. Z200. T0100 M09;
M05;
```

(2) 내 · 외경 정삭 사이클(G70)

내 · 외경 정삭가공 사이클 기능은 황삭가공 사이클 실행 후 남아 있는 정삭 여유량을 가공하여 도면과 같은 최종 형상으로 가공하는 기능이다. 고정 사이클 구역을 지정하는 첫 번째 블록의 전개 번호에서 마지막 블록의 전개 번호까지의 X, Z방향 정삭 여유량을 가공한다. 황삭가공 사이클 G71, G72, G73 실행 후, G70으로 정삭가공 한다. 홈가공, 나사가공 등은 다른 기능을 사용하여 프로그램을 작성하여 실행한다.

```
G70 P p  Q q  F__ ;
```

p : 고정 사이클 구역을 지정하는 첫 번째 블록의 전개 번호
q : 고정 사이클 구역을 지정하는 마지막 블록의 전개 번호
F : 정삭가공의 이송속도(mm/rev)

공구 이동경로는 그림과 같이 1 → 2 → 3 → 1로 황삭 가공 후에 남아 있는 X, Z방향 정삭 여유량을 가공 후 가공 초기점 ①지점으로 복귀한다.

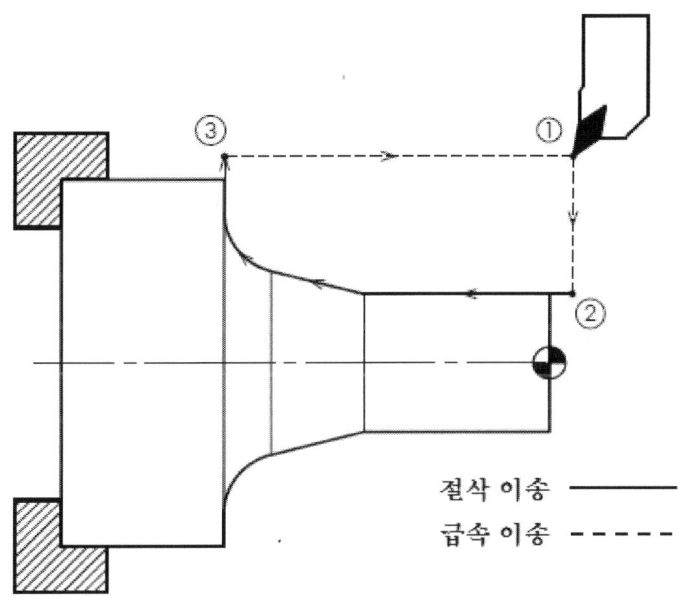

내 · 외경 정삭 사이클의 공구 이동경로

예제) 다음 도면을 가공하기 위한 프로그램을 G71 황삭 사이클 기능을 이용하여 프로그램을 작성하시오. 단, 제2원점의 좌표 X150. Z200., 절삭속도 150m/min, 1회 절입량 1mm, X축 방향 정삭 여유량 0.3mm, Z축 방향 정삭 여유량 0.2mm, 도피량 0.5mm로 하고 이송속도는 0.2mm/rev이다. 정삭가공을 하기 위한 프로그램을 G70 기능을 이용하여 작성하시오. 단, 정삭공구는 3번 공구 사용, 절삭속도 180m/min, 이송속도는 0.1mm/rev이다.

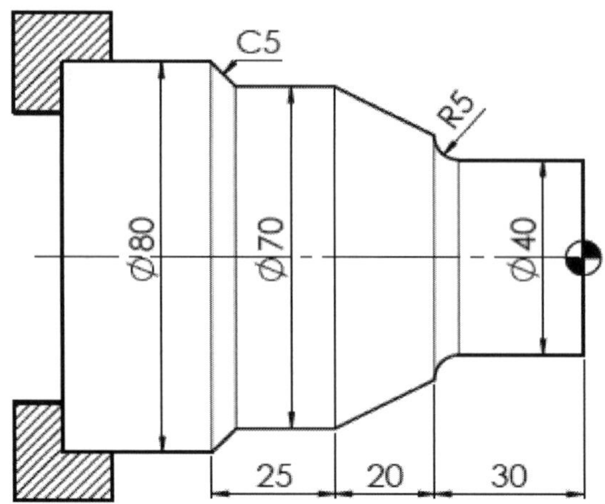

풀이:

```
O0010;
G30 U0. W0.;
G50 X150. Z200. S3000 T0100;
G96 S150 M03;
G00 X82. Z3. T0101 M08;
G71 U1. R0.5;
G71 P100 Q200 U0.3 W0.2 F0.2;
N100 G00 G42 X40.;
G01 Z-25.;
G02 X50. Z-30.;
G01 X70. Z-50.;
Z-70.;
N200 X80. Z-75.;
G00 G40 X150. Z200. T0100 M09;
M05;
T0300;
G00 X82. Z3. S180 T0303 M08;
```

```
G70 P100 Q200 F0.1;
G00 X150. Z200. T0300 M09;
M05;
M02;
```

예제) 다음 도면을 가공하기 위한 프로그램을 G71 황삭 사이클 기능을 이용하여 프로그램을 작성하시오. 단, 제2원점의 좌표 X150. Z200., 절삭속도 180m/min, 1회 절입량 1mm, X축 방향 정삭 여유량 0.3mm, Z축 방향 정삭 여유량 0.2mm, 도피량 0.5mm로 하고 이송속도는 0.25mm/rev이다. 정삭가공을 하기 위한 프로그램을 G70 기능을 이용하여 작성 하시오. 단, 정삭공구는 3번 공구 사용, 절삭속도 200m/min, 이송속도는 0.1mm/rev이다.

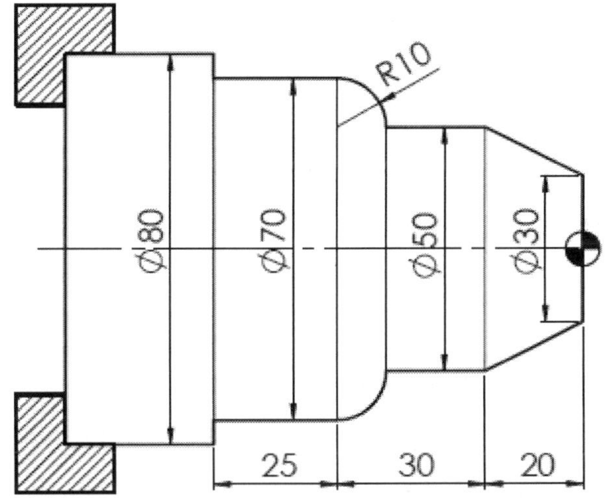

풀이:

```
O0010;
G30 U0. W0.;
G50 X150. Z200. S3000 T0100;
G96 S180 M03;
```

```
G00 X82. Z3. T0101 M08;
G71 U1. R0.5;
G71 P100 Q200 U0.3 W0.2 F0.25;
N100 G00 G42 X40.;
G01 Z0.;
X50. Z-20.;
Z-40.;
G03 X70. Z-50. R10.;
G01 Z-75.;
N200 X82.;
G00 G40 X150. Z200. T0100 M09;
M05;
T0300;
G00 X82. Z3. S200 T0303 M08;
G70 P100 Q200 F0.1;
G00 X150. Z200. T0300 M09;
M05;
M02;
```

(3) 단면 황삭 사이클(G72)

단면 황삭 복합형 고정 사이클은 지령된 가공조건에 의해 도면의 최종 형상을 자동으로 단면 황삭가공하는 기능이다. 최종 형상과 절삭 조건 등을 지령해 주면 공구가 절입, 가공, 이탈, 복귀하는 사이클을 자동으로 반복하여 X방향, Z방향 정삭 여유량 만큼 남겨 놓는다. 절삭조건은 1회 절입량, 공구 도피량, 정삭 여유량, 이송속도 등이 있다.

```
G72 W wl  R r  ;
G72 P p  Q q  U u  W w2  F f  ;
N p  G00 Z___ ; ← G00 지령은 필수
       G01 X___ ;
     .
     .
     .
N q   ________;
```

wl : 1회 절입량

r : 공구 도피량(보통 0.5로 지령)

p : 고정 사이클 구역을 지정하는 첫 번째 블록의 시퀀스 번호

q : 고정 사이클 구역을 지정하는 마지막 블록의 시퀀스 번호

u : X축 방향 정삭 여유량(±부호, 직경치로 지령)

w2 : Z축 방향 정삭 여유량(±부호)

f : 황삭가공의 이송속도(mm/rev)

공구 이동경로는 공구가 ① 지점에서 45° 각도로 ② 지점으로 이동하고 지령된 절입량만큼 ③ 지점으로 급속 이송 후 F 이송속도로 이동하면서 ④ 지점까지 수직 황삭가공한 다음 45°각 도로 공구 도피량 만큼 이동하여 ⑤ 지점까지 후퇴하는 사이클을 그림과 같이 반복 실행한다. 가공이 종료되면 공구는 가공 초기점으로 복귀한다.

정삭 여유량의 부호는 정삭가공 후의 최종 형상을 기준으로 X축 및 Z축의 각 방향의 여유량이 각 축의 +방향에 남아 있으면 "+" 부호를, 각 축의 -방향에 남아 있으면 "-" 부호를 지령한다.

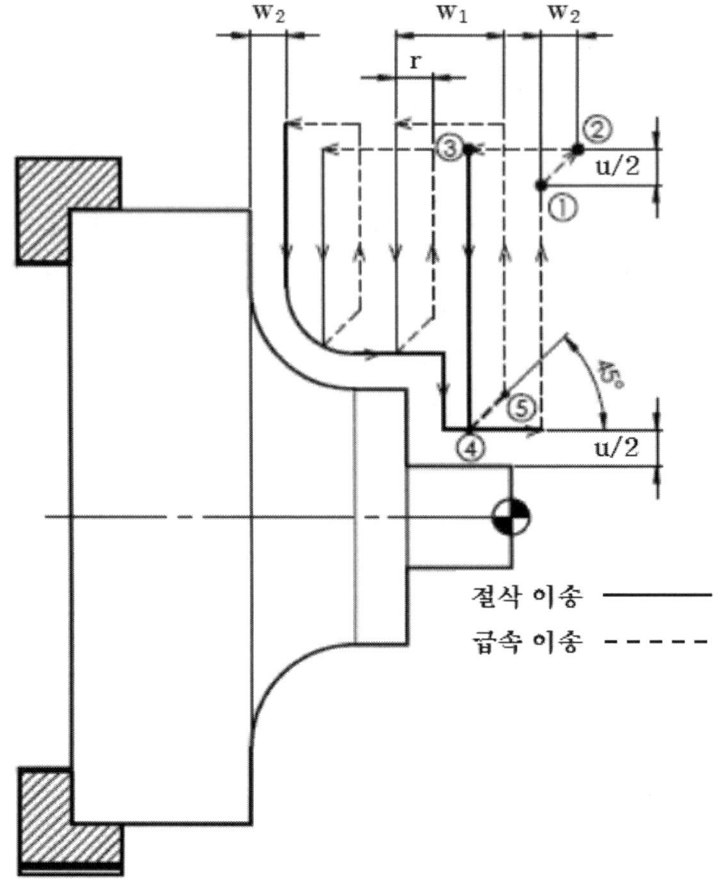

단면 황삭 사이클의 공구 이동경로

예제) 다음 도면을 가공하기 위한 프로그램을 G72 단면 황삭 사이클 기능을 이용하여 작성하시오. 단, 제2원점의 좌표 X150. Z200., 절삭속도 180m/min, 1회 절입량 2mm, X축 방향 정삭 여유량 0.3mm, Z축 방향 정삭 여유량 0.2mm, 도피량 0.5mm로 하고 이송속도는 0.2mm/rev이다.

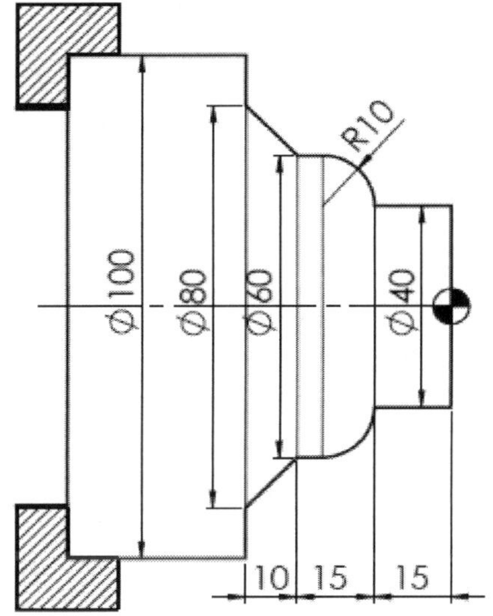

풀이:

```
O0010;
G30 U0. W0.;
G50 X150. Z200. S3000 T0100;
G96 S180 M03;
G00 X102. Z3. T0101 M08;
G72 W2. R0.5;
G72 P100 Q200 U0.3 W0.2 F0.2;
N100 G00 Z-40.;
G01 X80.;
X60. Z-30.;
Z-25.;
G02 X40. Z-15. R10.;
N200 G01 Z3.;
G00 X150. Z200. T0100 M09;
M05;
```

예제) 다음 도면을 가공하기 위한 프로그램을 G72 단면 황삭 사이클 기능을 이용하여 작성하시오. 단, 제2원점의 좌표 X150. Z200., 절삭속도 180m/min, 1회 절입량 2mm, X축 방향 정삭 여유량 0.3mm, Z축 방향 정삭 여유량 0.2mm, 도피량 0.5mm로 하고 이송속도는 0.2mm/rev이다.

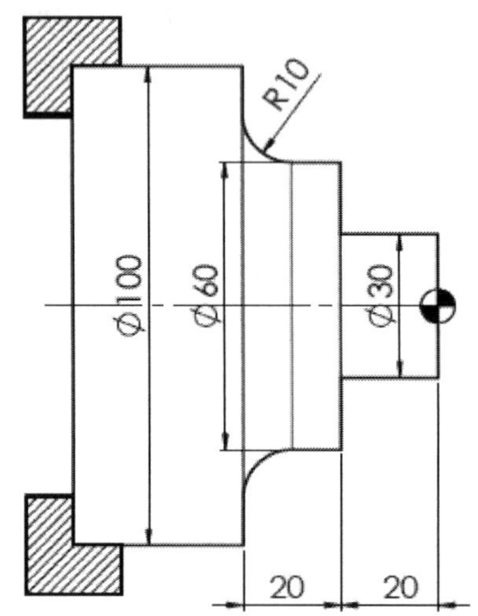

풀이:

```
O0010;
G30 U0. W0.;
G50 X150. Z200. S3000 T0100;
G96 S180 M03;
G00 X102. Z3. T0101 M08;
G72 W2. R0.5;
G72 P100 Q200 U0.3 W0.2 F0.2;
N100 G00 Z-40.;
G01 X80.;
G03 X60. Z-30.;
G01 Z-20.;
```

```
X30.;
N20 G01 Z3..;
G00 X150. Z200. T0100 M09;
M05;
```

(4) 모방 절삭 사이클(G73)

모방 절삭 복합형 고정 사이클은 주조품 또는 단조품 등과 같이 공작물이 완제품의 형상과 유사한 경우에 도면과 최종 형상과 절삭조건 등을 지령해 주면 공구가 자동으로 절입, 가공, 이탈, 복귀하는 사이클을 자동으로 황삭가공 횟수만큼 자동으로 반복하여 X방향, Z방향의 정삭 여유량만큼 남겨놓는다. 가공조건은 황삭 가공량과 정삭 여유량, 황삭가공 횟수, 이송속도 등이 있다. 정삭 여유량 부호는 내·외경 황삭 사이클 G71 기능과 동일한 방법으로 결정한다.

```
G73 U_ul_ W_wl_ R_r_ ;
G73 P_p_ Q_q_ U_u2_ W_w2_ F_f_ ;
N_p_ G00 Z___ ; ← G00 지령은 필수
     G01 Z___ ;.
   .
N_q_  ________;
```

ul : X축 방향 황삭 가공량

wl : Z축 방향 황삭 가공량

r : 황삭가공 횟수

p : 고정 사이클 구역을 지정하는 첫 번째 블록의 전개 번호

q : 고정 사이클 구역을 지정하는 마지막 블록의 전개 번호

u2 : X축 방향 정삭 여유량(±부호, 직경치로 지령)

w2 : Z축 방향 정삭 여유량(±부호)

f : 황삭가공의 이송속도(mm/rev)

공구 이동경로는 공구가 ① 지점에서 45° 각도로 ② 지점으로 이동한 다음 지령된 절입량만큼 ③ 지점으로 급속 이송 후 지령된 F 이송속도로 ④ 지점까지 황삭가공한 다음 45° 각도로 도피 후 급속 이송하여 복귀하는 사이클을 황삭가공 그림과 같이 반복 실행한다. 가공이 종료되면 공구는 가공 초기점으로 복귀한다.

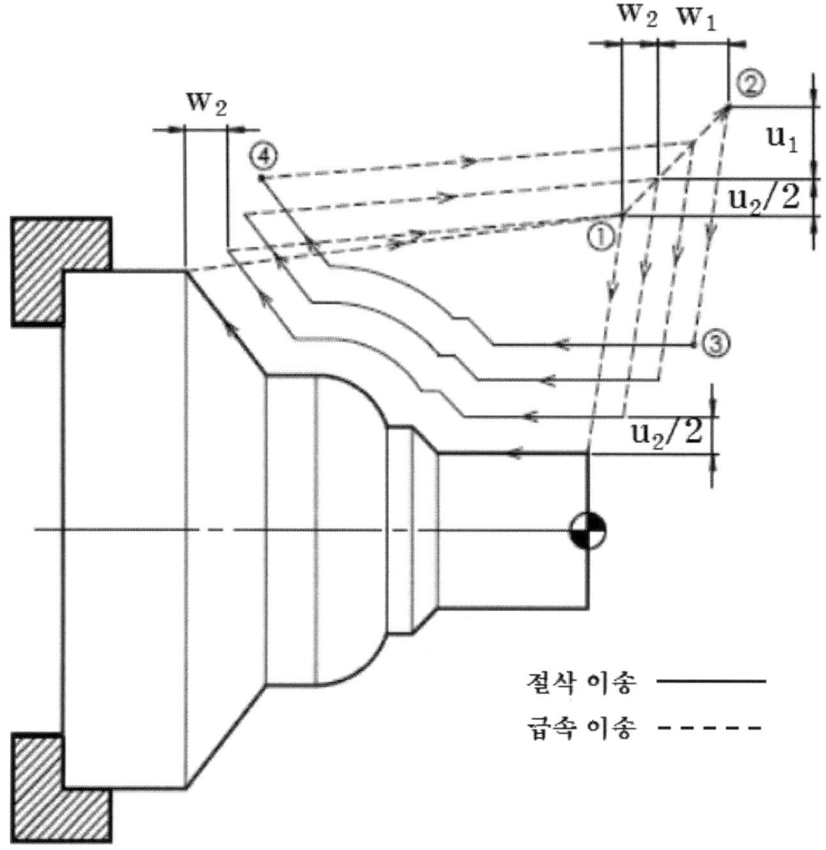

모방가공 사이클의 공구 이동경로

예제) 다음 도면을 가공하기 위한 프로그램을 G73 모방 황삭 사이클 기능을 이용하여 작성하시오. 단, 제2원점의 좌표 X150. Z200., 절삭속도 150m/min, X축 방향 황삭 가공량 4mm,, Z축 방향 황삭 가공량 4mm, X축 방향 정삭 여유량 0.2mm, Z축 방향 정삭 여유량 0.1mm, 가공횟수 5회로 하고 이송속도는 0.2mm/rev이다.

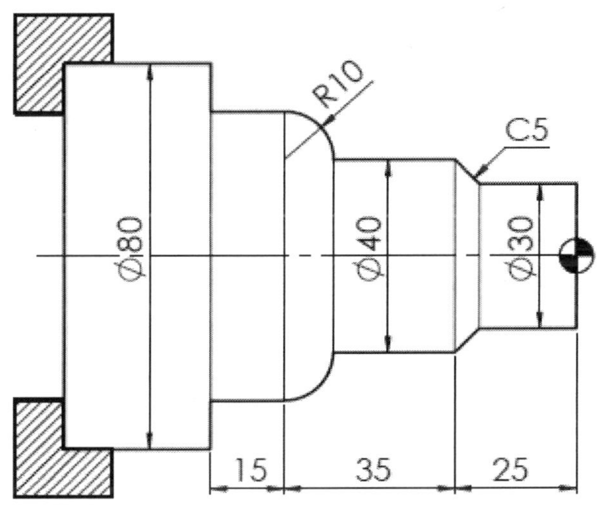

풀이:

```
O0010;
G30 U0. W0.;
G50 X150. Z200. S3000 T0100;
G96 S150 M03;
G00 X84. Z8. T0101 M08;
G73 U4. W4. R5;
G73 P100 Q200 U0.2 W0.1 F0.2;
N100 G00 X30.;
G01 Z-20.;
X40. Z-25.;
```

```
Z-50.;
G03 X60. Z-60.;
G01 Z-75.;
N200 X82.;
G00 X150. Z200. T0100 M09;
M05;
```

예제) 다음 도면을 가공하기 위한 프로그램을 G73 모방 황삭 사이클 기능을 이용하여 작성하시오. 단, 제2원점의 좌표 X150. Z200., 절삭속도 180m/min, XZ축 방향 황삭 가공량 5mm, Z축 방향 황삭 가공량 5mm, X축 방향 정삭 여유량 0.4mm, Z축 방향 정삭 여유량 0.2mm, 가공횟수 4회로 하고 이송속도는 0.3mm/rev이다.

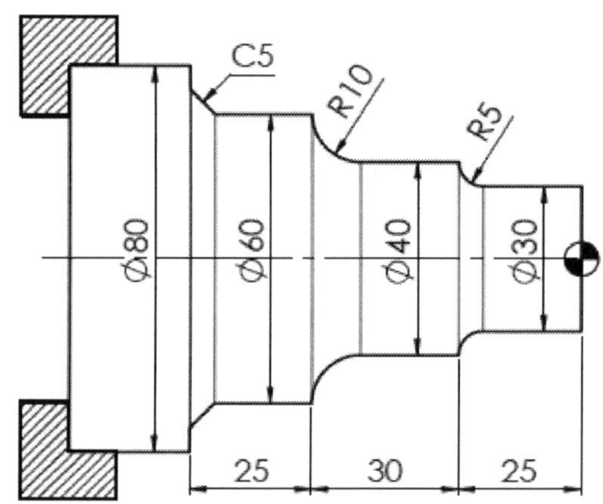

풀이:

```
O0010;
G30 U0. W0.;
G50 X150. Z200. S3000 T0100;
G96 S180 M03;
```

```
G00 X84. Z5. T0101 M08;
G73 U5. W5. R4;
G73 P100 Q200 U0.4 W0.2 F0.3;
N100 G00 X30.;
G01 Z-20.;
G02 X40. Z-25. R5.;
G01 Z-45.;
G02 X60. Z-55. R10.;
G01 Z-75.;
X70. Z-80..;
N200 X82.;
G00 X150. Z200. T0100 M09;
M05;
```

(3) **단면 홈 사이클 기능**(G74)

단면 홈 복합형 고정 사이클은 홈바이트 또는 드릴 공구가 공작물 단면을 Z방향으로 가공하고 후퇴하는 동작을 자동 반복하면서 단면 홈을 가공하는 기능이다.

드릴링 가공을 연속적으로 하면 칩이 길게 발생하여 칩 배출이 원활하지 않아 드릴작업이 매우 어려워진다. 공구가 일정량 절입 후 일정량을 후퇴하는 동작을 펙(peck) 혹은 펙킹(pecking)이라 하고 펙 동작으로 인해 단속가공이 되면서 칩이 간헐적으로 발생되기 때문에 칩배출이 연속적인 드릴 가공할 때보다 원활하게 배출된다.

```
G74 R rl ;
G74 X(U) u  Z(W) w  P p  Q q  R r2  F f ;
```

rl : Z축 방향 공구 후퇴량
X(U) : 가공 종점의 X축 절대(증분)좌표
Z(W) : 가공 종점의 Z축 절대(증분)좌표
p : X축 방향 1회 절입량　　　　q : Z축 방향 1회 절입량
r2 : X축 방향 공구 후퇴량　　　　f : 이송속도(mm/rev)

공구 이동경로는 그림과 같이 Z축 방향으로 1회 절입량(q)을 가공 후 후퇴(rl)를 반복하면서 Z축 방향 가공 종점 ② 지점까지 가공한 다음 가공 초기점 ① 지점으로 복귀한다. X축 방향 1회 절입량(p)인 ③ 지점으로 이동하고 가공과 후퇴를 반복하여 Z축 방향 가공 종점까지 가공한다. 그림과 같이 가공 과정을 반복하면서 X축, Z축 방향 가공 종점 ④ 지점까지 홈가공을 한다.

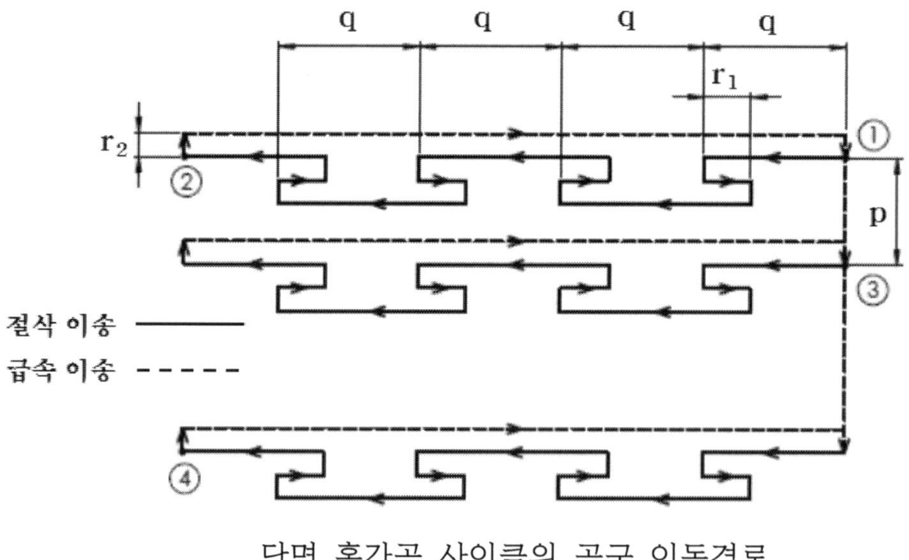

단면 홈가공 사이클의 공구 이동경로

예제) 다음 도면을 가공하기 위한 프로그램을 G74 단면 홈가공 사이클 기능을 이용하여 작성하시오. 단, 제2원점의 좌표 X150. Z200., 회전수 600rpm, 5번 공구를 사용하며 Z축 방향 1회 절입량 2mm, Z축 방향 공구 후퇴량 0.5mm, 이송속도는 0.05mm/rev, 홈바이트 폭은 4mm이다.

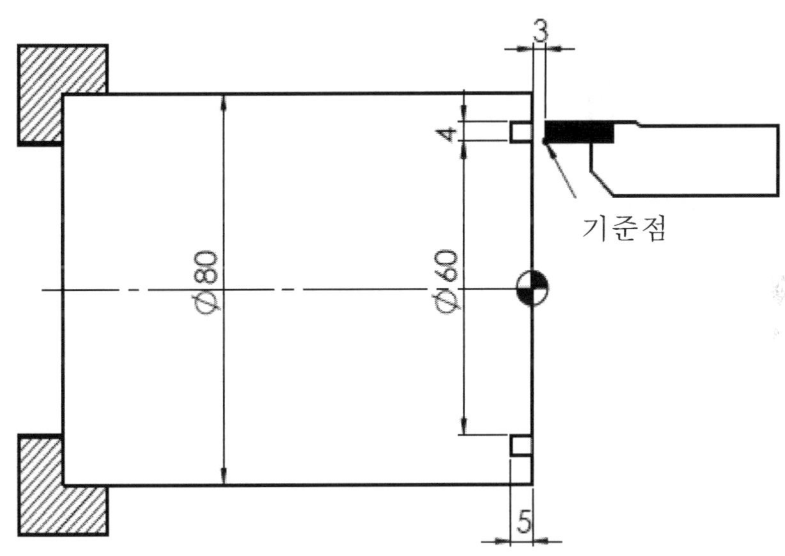

풀이:

```
O0010;
G30 U0. W0.;
G50 X150. Z200. S3000 T0500;
G97 S600 M03;
G00 X60. Z3. T0505 M08;
G74 R0.5;
G74 Z-5. Q2000 F0.05;
G00 X150. Z200. T0500 M09;
M05;
```

예제) 다음 도면을 가공하기 위한 프로그램을 G74 단면 홈가공 사이클 기능을 이용하여 작성하시오. 단, 제2원점의 좌표 X150. Z200., 회전수 600rpm, 5번 공구를 사용하며 X축 및 Z축 방향 1회 절입량 2mm, X축 및 Z축 방향 공구 후퇴량 0.5mm, 이송속도는 0.05mm/rev, 홈바이트 폭은 4mm 이다.

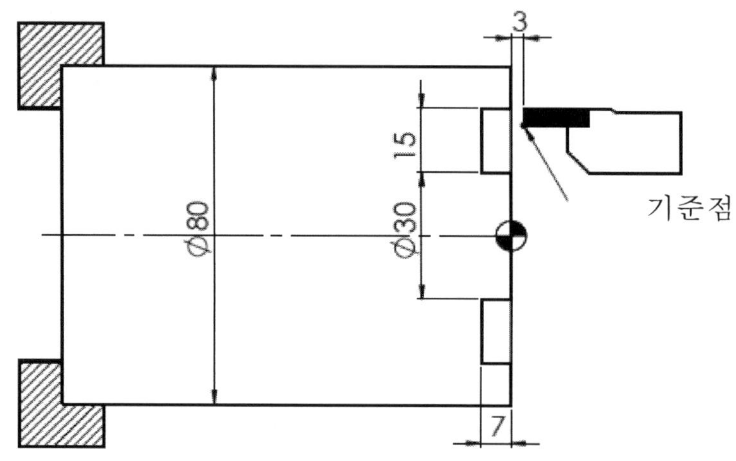

풀이:

```
O0010;
G30 U0. W0.;
G50 X150. Z200. S3000 T0500;
G97 S600 M03;
G00 X60. Z3. T0505 M08;
G74 R0.5;
G74 Z-7. Q2000 F0.05;
G00 U-3.;
G74 X30. Z-7. P2000 Q2000 R0.5;
G00 X150. Z200. T0500 M09;
M05;
```

예제) 다음 도면을 가공하기 위한 프로그램을 G74 단면 홈가공 사이클 기능을 이용하여 작성하시오. 단, 제2원점의 좌표 X150. Z200., 회전수 700rpm, 5번 공구를 사용하며 구멍지름 6mm, 깊이 40mm, Z축 방향 1회 절입량 3mm, Z축 방향 공구 후퇴량 0.5mm, 이송속도는 0.06mm/rev이다.

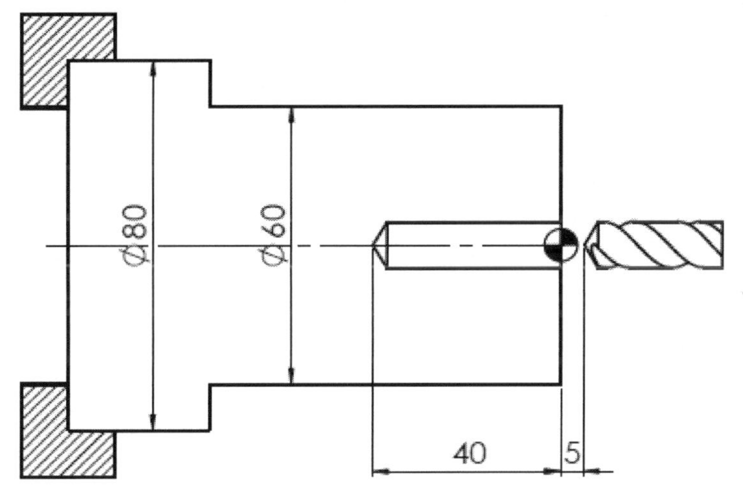

풀이:

```
O0010;
G30 U0. W0.;
G50 X150. Z200. S3000 T0500;
G97 S700 M03;
G00 X0. Z0. T0505 M08;
G74 R0.5;
G74 Z-40. Q3000 F0.06;
G00 X150. Z200. T0500 M09;
M05;
```

(5) **내 · 외경 홈가공 사이클**(G75)

내 · 외경 홈가공 복합형 고정 사이클은 홈바이트가 공작물 내 · 외경면을 X방향으로 가공하고 후퇴하는 동작을 자동 반복하면서 홈을 가공한다. 펙 동작으로 간헐적인 가공은 칩을 배출을 보다 원활하게 한다.

X방향으로 일정 절입량(p)과 후퇴량(r1)을 G75 기능에 지령하면 공구는 자동으로 가공과 후퇴를 반복한 다음 Z축 방향으로 지령한 만큼 이동(q)하여 다시 가공과 후퇴를 반복하면서 가공종점까지 홈가공을 한다. Z(W)와 Q q 값을 생략하면 절단가공 사이클이 된다.

```
G75 R r1 ;
G75 X(U) u  Z(W) w  P p  Q q  R r2  F f ;
```

r1 : X축 방향 공구 후퇴량

X(U) : 가공 종점의 X축 절대(증분)좌표

Z(W) : 가공 종점의 Z축 절대(증분)좌표

p : X축 방향 1회 절입량(+ 반경치로 지령)

q : Z축 방향 1회 절입량(절입폭 +로 지령, 바이트 폭의 2/3정도로 지령)

r2 : Z축 방향 공구 후퇴량 f : 이송속도(mm/rev)

공구 이동경로는 그림과 같이 ① 지점에서 X방향으로 일정 절입량(p)을 가공 후 후퇴(r1)를 반복하며 X축 방향 가공 종점인 ② 지점까지 가공한 다음 가공 초기점 ① 지점으로 복귀한다. Z축 방향 1회 절입량(q)의 ③ 지점으로 이동하고 가공과 후퇴를 반복하며 X축 방향 가공 종점까지 가공한다. 그림과 같이 사이클을 X축, Z축 방향 가공 종점 ④ 지점까지 반복적으로 홈가공을 한다.

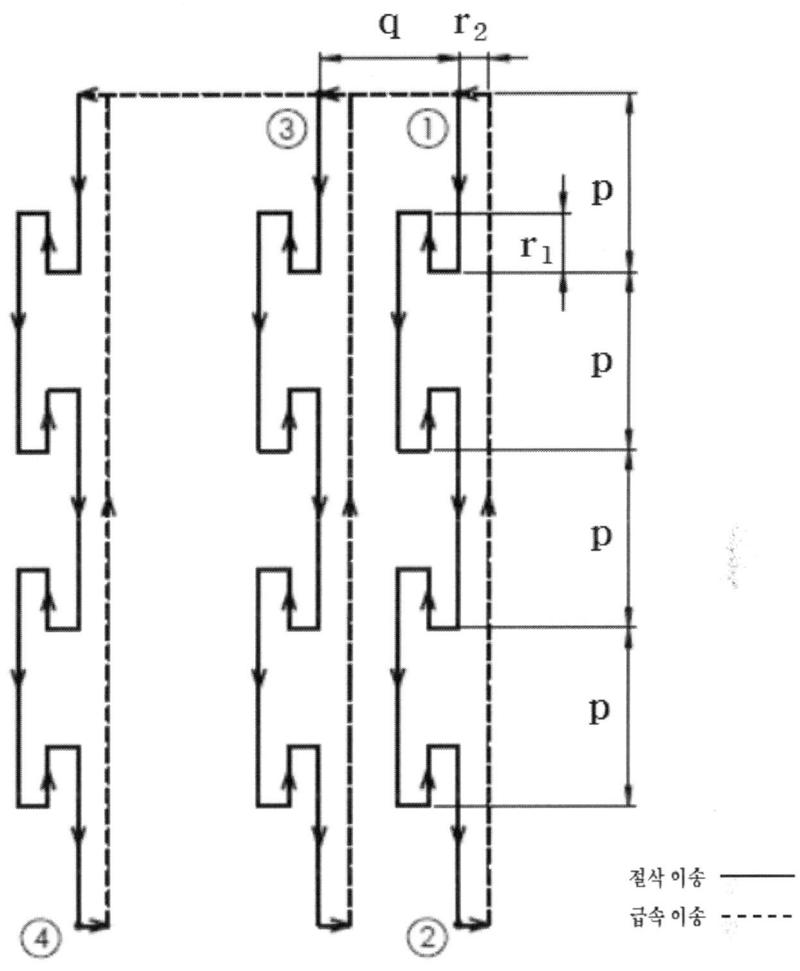

내 · 외경 홈가공 사이클의 이동경로

예제) 오른쪽 도면을 G75 내 · 외경 홈가공 사이클 기능으로 가공하려 한다. 프로그램을 작성하시오. 단, 제2원점의 좌표 X150. Z200., 회전수 600rpm, 5번 공구를 사용하며 X축 방향 1회 절입량 2.0mm, X축 방향 공구 후퇴량 0.5mm, 이송속도는 0.06mm/rev, 홈바이트 폭은 4mm이다.

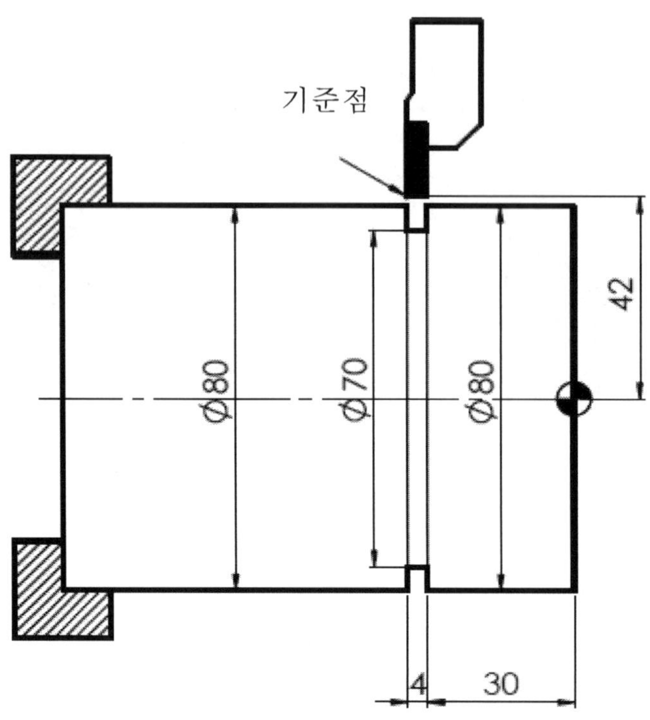

풀이:

```
O0010;
G30 U0. W0.;
G50 X150. Z200. S3000 T0500;
G97 S600 M03;
G00 X84. Z-34. T0505 M08;
G75 R0.5; (X축 방향 공구 후퇴량 0.5mm)
G75 X50. P2000 F0.06;
G00 X150. Z200. T0500 M09;
M05;
```

예제) 다음 도면을 가공하기 위한 프로그램을 G75 내 외경 홈가공 사이클 기능을 이용하여 작성하시오. 단, 제2원점의 좌표 X150. Z200., 회전수 500rpm, 5번 공구를 사용하며 X축, Z축 방향 1회 절입량 2.0mm, X축, Z축 방향 공구 후퇴량 0.5mm, 이송속도는 0.06 mm/rev, 홈바이트 폭은 4mm이다.

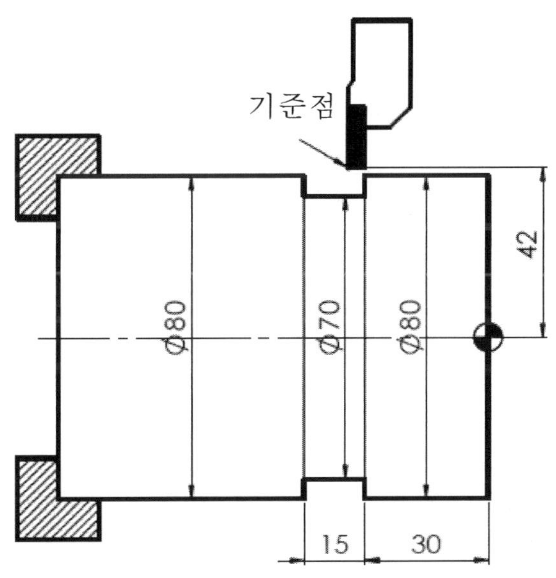

풀이:

```
O0010;
G30 U0. W0.;
G50 X150. Z200. S3000 T0500;
G97 S500 M03;
G00 X84. Z-34. T0505 M08;
G75 R0.5;
G75 X50. P2000 F0.06;
G00 W-2.;
G75 X50. Z-45. P2000 Q2000 R0.5;
G00 X150. Z200. T0500 M09;
M05;
```

예제) 다음 도면을 가공하기 위한 프로그램을 G75 내 외경 홈가공 사이클 기능을 이용하여 작성하시오. 단, 제2원점의 좌표 X150. Z200., 회전수 600rpm, 5번 공구를 사용하며 X축, Z축 방향 1회 절입량 2.5mm, X축, Z축 방향 공구 후퇴량 0.5mm, 이송속도는 0.06mm/rev, 홈바이트 폭은 3mm 이다.

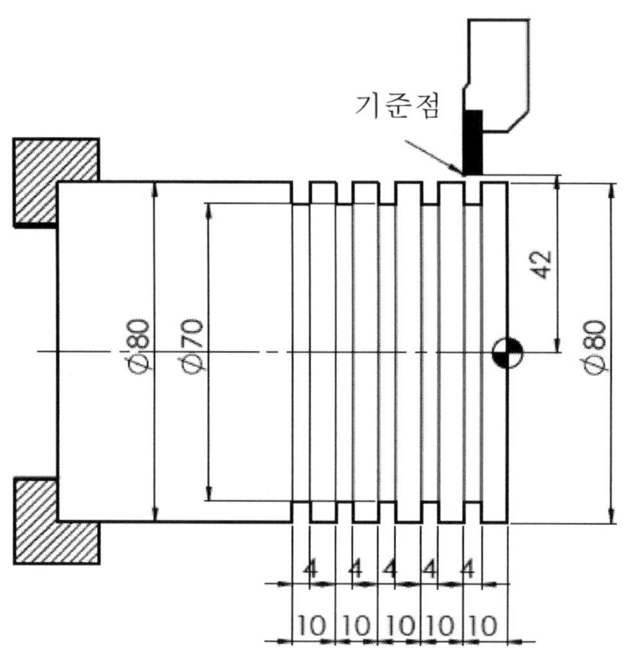

풀이:

```
O0010;
G30 U0. W0.;
G50 X150. Z200. S3000 T0500;
G97 S600 M03;
G00 X84. Z-10. T0505 M08;
G75 R0.5;
G75 X70. Z-50. P2000 Q10000 R0. F0.08;
G00 X150. Z200. T0500 M09;
M05;
```

(6) **나사절삭 사이클(G76)**

나사절삭 복합형 고정 사이클은 나사의 최종 골지름, 절입 조건 등 절삭 조건을 지령하면 공구가 자동으로 절입, 나사가공, 이탈, 복귀 과정을 반복하여 나사를 가공하는 사이클 기능이다. 절삭조건은 정삭 횟수, 나사산의 각도, 최초 절입량, 정삭 여유량, 이송속도(리드) 등이 있다. 테이퍼 나사 가공 시 기울기량 지정해야 하고 기울기의 부호는 G92와 같다.

```
G76 R_m r a_ Q_q1_ R_r1_ ;
G76 X(U)___ Z(W)___ P_p_ Q_q2_ R_r2_ F_f_ ;
```

m : 정삭 횟수

r : 챔퍼량(모따기량, 나사가공 마지막 부분의 불완전 나사부의 가공량을 두 자리 수로 지령, 파라미터로 설정가능)

a : 나사산 각도(지령각도 0°, 29°, 30°, 55°, 60°, 80°, 두 자리 수로 지령, 파라미터로 설정가능)

q1 : 최소 절입량(반경치, 나사의 골지름과 최초 절입량을 지령하면 절입 횟수에 비례하여 자동으로 절입량이 감소됨)

r1 : 정삭 여유량(반경치)

X(U) : 나사가공 종점의 X축 절대[증분]좌표(골지름)

Z(W) : 나사가공 종점의 Z축 절대[증분]좌표(나사가공 길이, 나사부의 길이와 모따기량의 포함)

p : 나사산의 높이(나사의 골지름과 나사산의 높이를 지령하면 나사의 외경을 계산되고 외경을 기준으로 최초 절입량이 결정됨)

q2 : 최초 절입량(반경치, 최초 절입량을 기준으로 절입량이 자동 계산됨)

r2 : 테이퍼량(± 반경치) f : 나사의 리드, 이송속도(mm/rev)

공구 이동경로는 그림과 같이 공구가 초기점 ① 지점에서 X방향으로 최초 절입량(q2) ② 지점까지 급속 절입된 후 F이송으로 ③ 지점까지 나사가공 한 다음 ④ 지점으로 후퇴하고 ① 지점으로 복귀하는 과정을 나사가공의 최종 형상의 종점까지 자동으로 반복 실행한다.

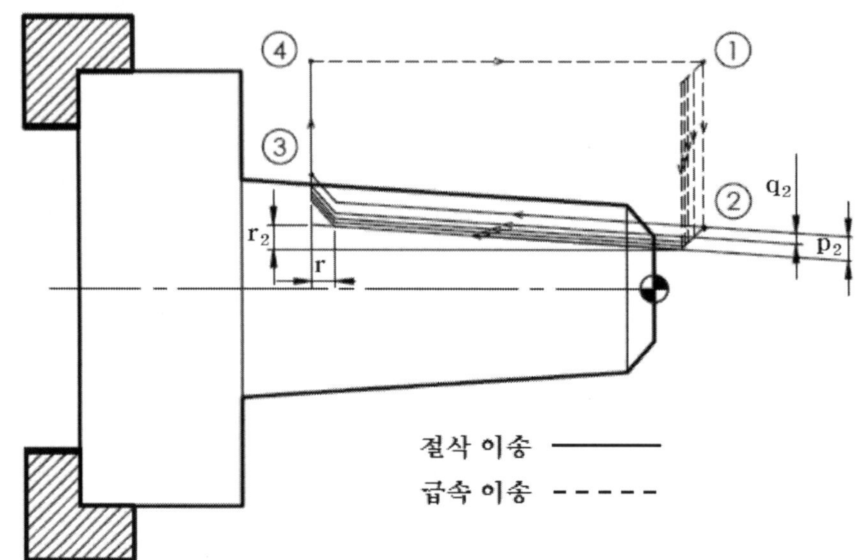

자동 나사가공 사이클의 공구 이동경로

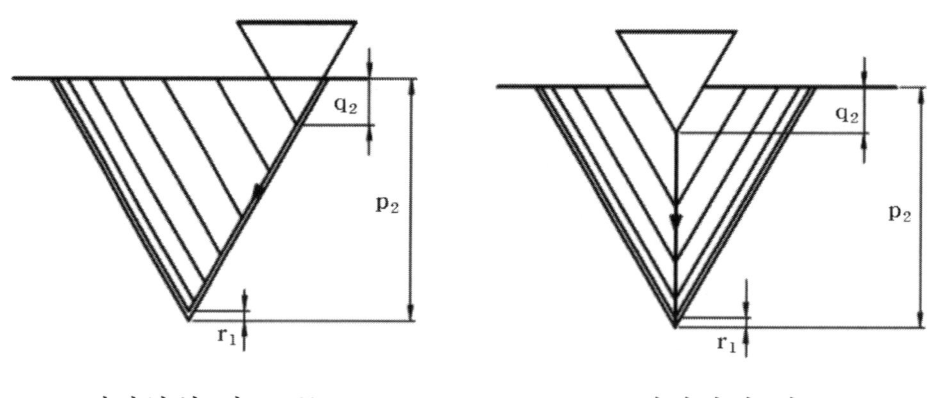

나사산의 각도 60 나사산의 각도° 0

자동 나사가공 사이클에서 공구의 절입

예제) 다음 도면을 가공하기 위한 프로그램을 나사를 G76 자동 나사가공 사이클 기능을 이용하여 작성하시오. 단, 제2원점의 좌표 X150. Z200., 회전수 500rpm, 7번 공구를 사용하며 최소 절입량 0.015mm, 정삭 여유량 0.02mm, 최초 절입량 0.3mm이다.

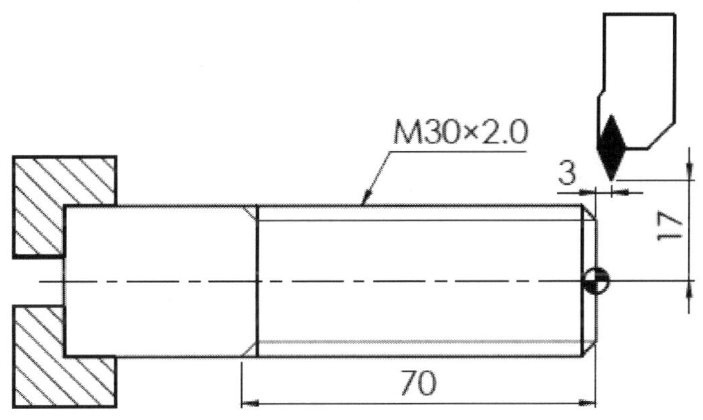

풀이:

```
O0010;
G30 U0. W0.;
G50 X150. Z200. S3000 T0700;
G97 S500 M03;
G00 X34. Z3. T0707 M08;
G76 P011060 Q15 R20;
G76 X27.62 Z-42. P1190 Q300 F2.;
G00 X150. Z200. T0700 M09;
M05;
M02;
```

예제) 다음 도면을 가공하기 위한 프로그램을 나사를 G76 자동 나사가공 사이클 기능을 이용하여 작성하시오. 단, 제2원점의 좌표 X150. Z200., 회전수 600rpm, 7번 공구를 사용하며 최소 절입량 0.02mm, 정삭 여유량 0.03mm, 최초 절입량 0.3mm, 나사 바이트 폭은 3mm이다.

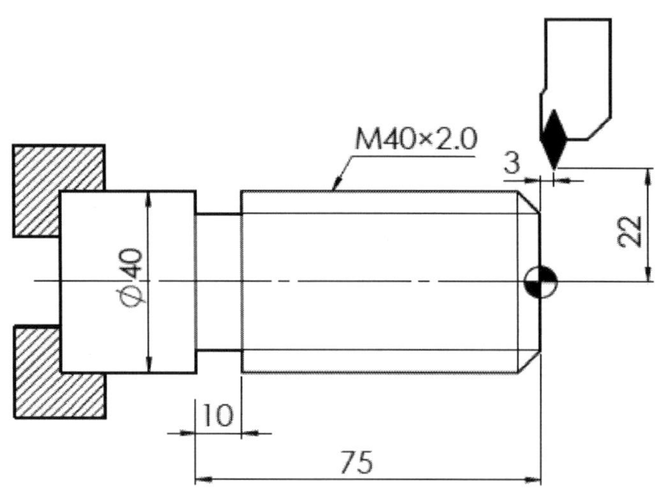

풀이:

```
O0010;
G30 U0. W0.;
G50 X150. Z200. S3000 T0700;
G97 S600 M03;
G00 X44. Z3. T0707 M08;
G76 P011060 Q20 R30;
G76 X37.62 Z-80. P1190 Q300 F2.;
G00 X150. Z200. T0700 M09;
M05;
M02;
```

제4장 V-CNC 시뮬레이터

1. 사용자 인터페이스

가. V-CNC 실행

① 윈도우 바탕화면에서 V-CNC의 단축아이콘( )이 나타나면 더블클릭하여 실행한다.

② V-CNC 동영상이 실행된다.(ESC키를 누르면 동영상이 중지되고 다음 화면이 진행된다.)

③ Machining Center(머시닝센터)와 CNC-Lathe(CNC 선반)을 선택할 수 있는 화면이 나타난다.

④ 사용할 기계의 그림을 마우스로 클릭한다.(다음 따라하기를 위해 CNC 선반을 클릭한다.)

머시닝센터

CNC 선반

나. 화면구성

CNC 시뮬레이터의 화면은 일반적으로 기계윈도우 화면과 콘트롤러 화면으로 구성되어 있다.

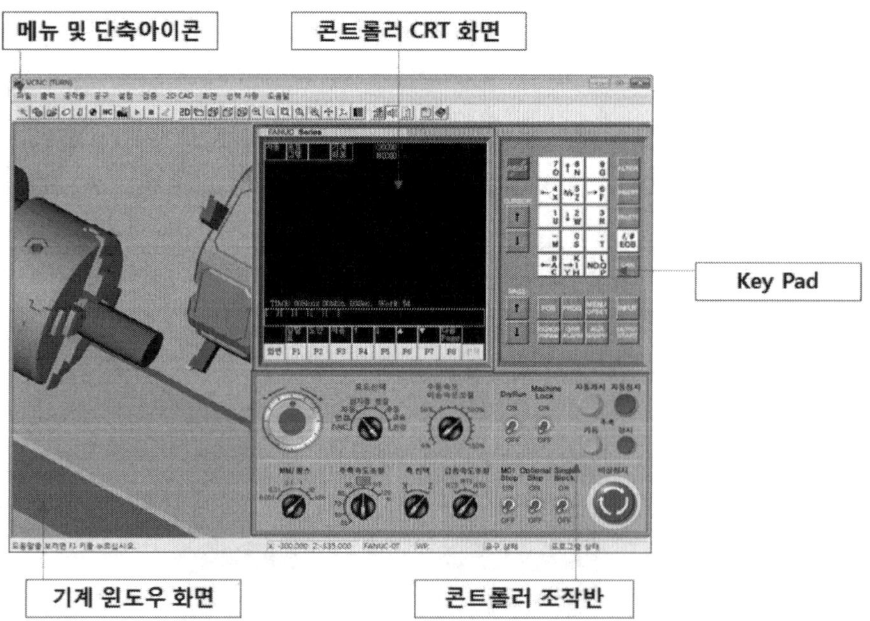

(1) 기계윈도우 화면

기계윈도우 화면은 실제 기계가 모의 가공되는 모습을 보여 주는 화면이다.

화면에는 각각의 기계 구성 요소들이 나타나 있다. CNC 선반의 주요 구조는 다음과 같다.

① 주축대 : 가공물을 고정하고 회전시켜 준다. 척은 특수 용도의 척과 연동척으로서 유압으로 작동되며 하드 조(Hard Jaw)와 소프트 조(Soft Jaw)로 되어 있다.

② 공구대 : 일반적으로 드럼형 터릿 공구대가 많이 사용되며 가장 빨리 공구를 선택할 수 있도록 근접 회전 방식을 선택하고 있다.

③ 심압대 : 긴 공작물의 떨림 방지 및 저속으로 강력 절삭할 때 공작물 지지에 사용한다.

④ 조작판넬 : 선반의 정면에 있으며 기계를 움직이고 프로그램 등을 입력 · 수정할 수 있는 여러 개의 키로 고성되어 있다.

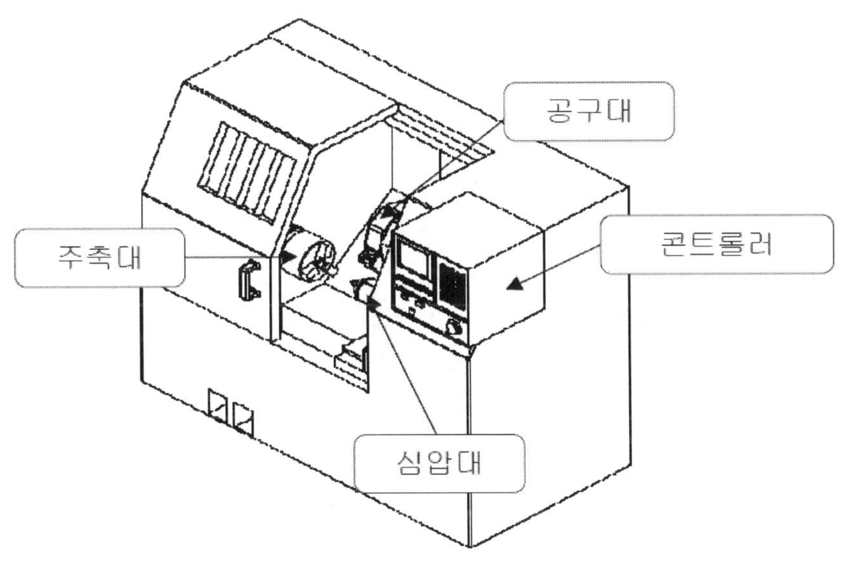

※ 기계화면 마우스 조작법(3버튼 휠 마우스)
아래 작업은 기계 윈도우 화면에서만 적용된다.

작 업	조작 방법
Zomm in/ out	
Zoom Dynamic	마우스 오른쪽 버튼을 누른 상태에서 움직이기
Zoom Pan	키보드 Ctrl 키 + 마우스 휠을 누른 상태에서 움직이기
Zoom All	(아이콘 메뉴 → 퍼스펙티브 화면 아이콘 클릭)

(2) **콘트롤러 조작판**

조작반의 기능은 같은 콘트롤러(Controller)를 사용해도 공작기계 메이커에 따라서 스위치(Switch) 모양과 종류, 조작방법 등은 다르다.

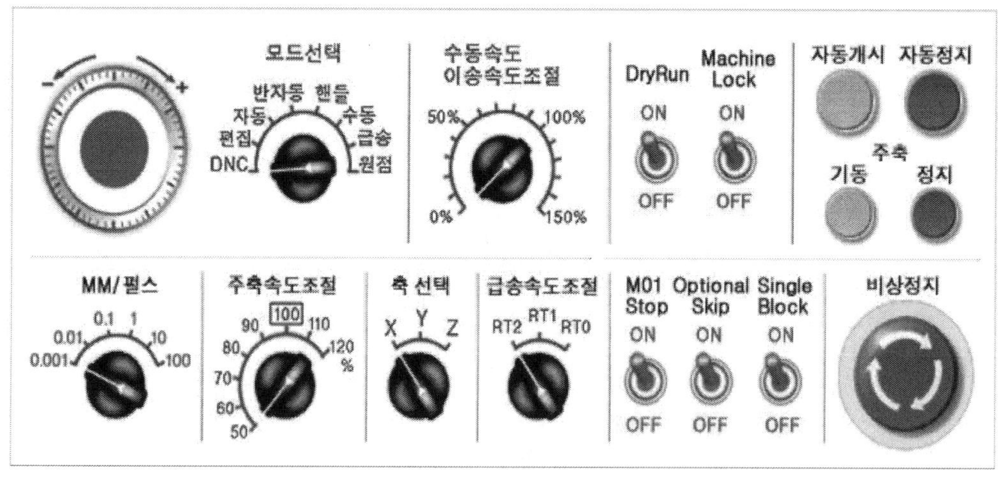

① 모드 스위치(Mode Switch)

- DNC : DNC 운전을 한다.
- 편집(EDIT) : 프로그램의 신규작성 및 PC에 저장된 프로그램을 수정할 수 있다.
- 자동(AUTO) : 선택한 프로그램을 자동 운전한다.
- 반자동(MDI : Manual Data Input) : 프로그램을 작성하지 않고 기계를 동작시킬 수 있다. NC 선반에서는 복합형 고정 Cycle중에서 G70, G71, G72, G73 기능을 제외하고 프로그램으로 실행시킬 수 있다.
- 핸들(Handle) : MPG(Manual Pules Generation)로도 표시하고 조작판의 핸들을 이용하여 축을 이동시킬 수 있다. 핸들의 한 눈금(1 Pulse)당 이동량은 0.001mm, 0.01mm, (0.1mm)의 종류가 있다.
- 수동(JOG) : 공구이송을 연속적으로 외부 이송속도 조절 스위치의 속도로 이송 시킨다. 엔드밀(End Mill)의 직선절삭, Face Mill의 직선 절삭등 간단한 수동작업을 한다.
- 급송(RPD : Rapid) : 공구를 급속(기계의 최대속도 G00)으로 이동 시킨다.
- 원점(REF.R : Reference Point Return) : 공구를 기계원점으로 복귀 시킨다. 조작반의 원점방향 축 버튼을 누르면 자동으로 기계원점까지 복귀한다.

② 급송 속도 조절(Rapid Override)

자동, 반자동, 급속이송 Mode에서 G00의 급속 위치 결정 속도를 외부에서 변화를 주는 기능이다.

③ 수동속도/이송속도조절(Feed Override)

자동, 반자동 Mode에서 지령된 이송속도(Feed)를 외부에서 변화 시키는 기능이다. 보통 0~150%까지이고 10%의 간격을 가진다.

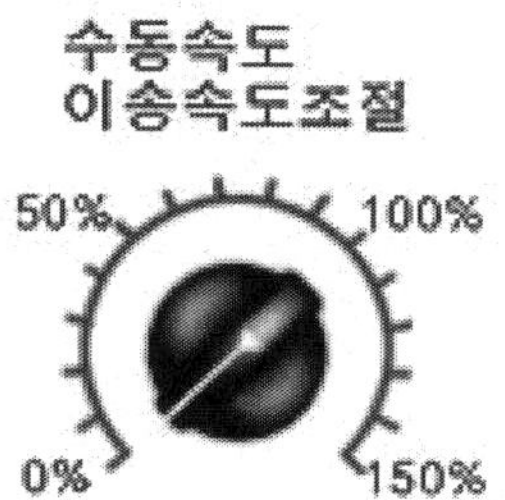

④ 주축 속도 조절(Spindle Override)

Mode에 관계없이 주축속도(rpm)를 외부에서 변화시키는 기능이다.

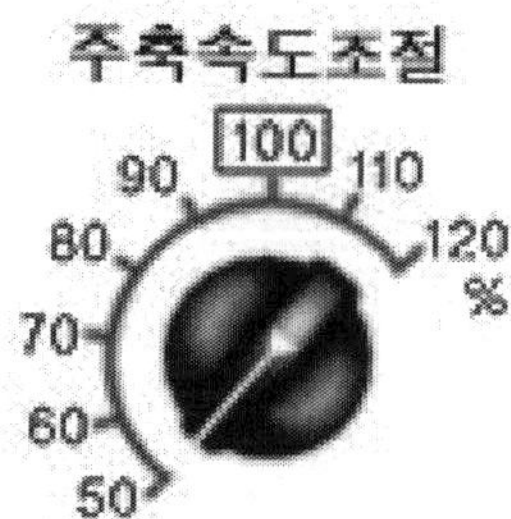

⑤ MM/펄스

핸들(MPG)의 한 눈금 이동 단위를 선택한다.

주) 0.1 Pulse에서 핸들의 사용은 천천히 돌려야 한다. 핸들이동에는 자동 가감속 기능이 없기 때문에 축의 이동에 충격을 주면 볼스크류와 볼스크류지베어링의 파손 원인이 된다.

⑥ 비상정지 버튼(Emergency Stop Button)

돌발적인 충돌이나 위급한 상황에서 작동시킨다. 버튼을 누르면 비상정지(Stop)하고 Main전원을 차단한 효과를 나타낸다. 해제 방법은 한 번 더 누른다.

⑦ 자동개시(Cycle Start)

자동, 반자동, DNC Mode에서 프로그램을 실행한다.

⑧ 자동정지(Feed Hold)

자동개시의 실행으로 진행중인프로그램을 정지시킨다. 이송정지 상태에서는 자동개시 버튼을 누르면 현재 위치에서 재개한다. 이송정지 상태에서는 주축정지, 절삭유등은 이송정지 직전의 상태로 유지된다.

주) 나사가공(G32, G92, G76) 실행 중에는 이송정지를 작동시켜도 나사가공 Block은 정지하지 않고 다음 Block에서 정지한다.

⑨ 주축회전(Spindle Rotate)

기동 : 수동조작(HANDLE, JOG, RPD, ZRN Mode)에서 마지막에 지령된 조건으로 회전한다.

정지 : Mode에 관계없이 회전중인 주축을 정지시킨다.

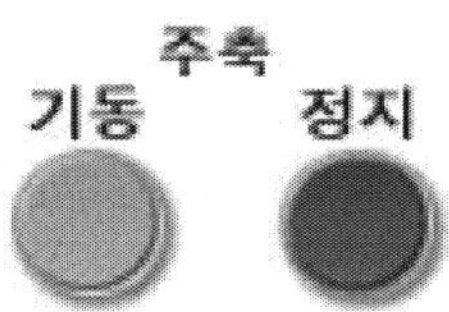

⑩ 핸들(MPG : Manual Pulse Generator)

축(Axis)의 이동을 핸들 Mode에서 펄스단위로 이동시킨다.

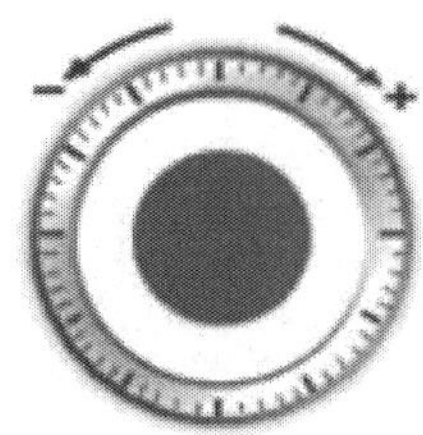

⑪ 토글 스위치의 (ON/OFF)의 사용 : 프로그램보다 우선한다.

- M01 : Optional Program Stop(프로그램 내부에 M01을 만나면 실행 중지)
- 드라이 런 : 프로그램 이송속도와 상관없이 내장된 속도로 이동(위험)
- 머신 록 : 축이동을 하지 않음 - 자동 실행 중 사용하면 위험
- 싱글블록 : 프로그램을 한 블록씩 실행한다.
- 옵셔날 블록 스킵 : 프로그램에서 / 를 만나면 건너뛴다.
- 절삭유 : 프로그램과 상관없이 절삭유 토출
- Manual ABS : 수동 조작의 이동량을 프로그램에 적용하지 않는다. (항상 ON 상태로 사용해야 함.)

DryRun | Machine Lock | M01 Stop | Optional Skip | Single Block
ON ON ON ON ON
OFF OFF OFF OFF OFF

3. 주요 아이콘

아이콘	명령어	내 용
	마법사	마법사 기능을 시작한다.
	설정	기계와 콘트롤러 종류 등을 선택할 수 있는 설정 마법사 대화상자가 나타난다.
	NC CODE 열기	NC CODE를 열수 있는 대화상자가 나타난다.
	공작물 생성	공작물을 생성할 수 있다.
	공구 교환	공구를 교환하는 대화상자가 나타난다.

아이콘	명령어	내 용
	공구 공작물접촉	공구와 공작물을 접촉하는 대화상자나 화면이 나타난다.
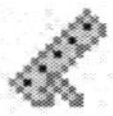	검증	가공한 공작물의 치수를 검증하는 화면으로 전환된다.
	기계가동 비상정지	아이콘을 사용하면 기계 윈도우화면만을 띄워 놓은 상태에서도 가공을 할 수 있다.
	퍼스펙티브 화면 보기	Perspective 화면으로 기계 윈도우 화면을 보고자 할 때 사용한다. 원근감이 있는 3차원화면으로서 좀 더 실제적인 기계 모습을 보고자 할 때 사용한다.
	YZ,XZ,XY 평면 보기	각각 X,Y,Z의 수직 방향인 면에서 바라본 화면으로 전환하여 준다.
	확대,축소	기계 윈도우 화면을 일정한 단계씩 확대/축소하는 기능이다.
	꽉차게	화면에 가공부분(공구와 공작물 화면) 가득차게 카메라를 조정한다.
	다이나믹 확대	동적으로 화면을 확대하거나 축소할 수 있다.
	영역확대	화면 중에서 특정한 부분만 확대해서 보고 싶을 때 사용한다. 기존의 확대가 직사각형 형태로 확대했다면 임의로 화면을 잡아서 확대한다.
	이동	화면을 이동한다.
	돌려보기	화면을 회전시킨다.
	화면정렬	3가지 화면을 선택해서 볼 수 있다.
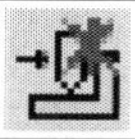	충돌검사	가공 중 충돌검사를 하거나 하지 않는다.
	음향효과	가공 중 발생하는 음향효과 조정
	실습예제	실습예제 창을 띄우는 기능
	도움말	도움말을 보는 기능(pdf)

2. 작업과정

번호	작업	비고
1	작업 공정 숙지	
2	프로그래밍 작성	
3	V-CNC 실행	
4	CNC선반 선택	
5	콘트롤러 선택 설정 → 기계설정	
6	공작물 생성 도면의 공작물 치수 입력	시뮬레이션이므로 단면 가공을 무시하고 실제치수를 입력.
7	공구 등록 작업 조건표의 공구번호 확인	
8	공구 보정	기준 공구에 대한 나머지 공구 보정값 입력 [공구옵셋]
9	공작물 좌표계 설정 원점 → 공작물 중앙선택	기계좌표를 기억한다.
10	NC Data입력 모드 선택 → 편집	9에서 기억한 기계좌표를 G50 다음에 X,Z좌표값을 - 생략하고 입력. 입력이 완료되면 반드시 저장한다. [파일→저장]
11	자동운전 모드 선택 → 자동	첫 블록으로 이동 [F3(처음)]
12	검증	치수검사

3. 운전 및 조작

가. 원점복귀

(1) 선반

① 모드선택에서 원점을 선택한다.

② 이 상태에서 키패드의 숫자 키 8을 누른다.(X축이 원점복귀 동작을 시작한다.)

③ 다음에 숫자 6을 누른다.(Z축이 원점복귀 동작을 시작한다.)

모드선택
반자동 핸들
자동 수동
편집 급송
DNC 원점
↑ 8 N → ← 6 Z

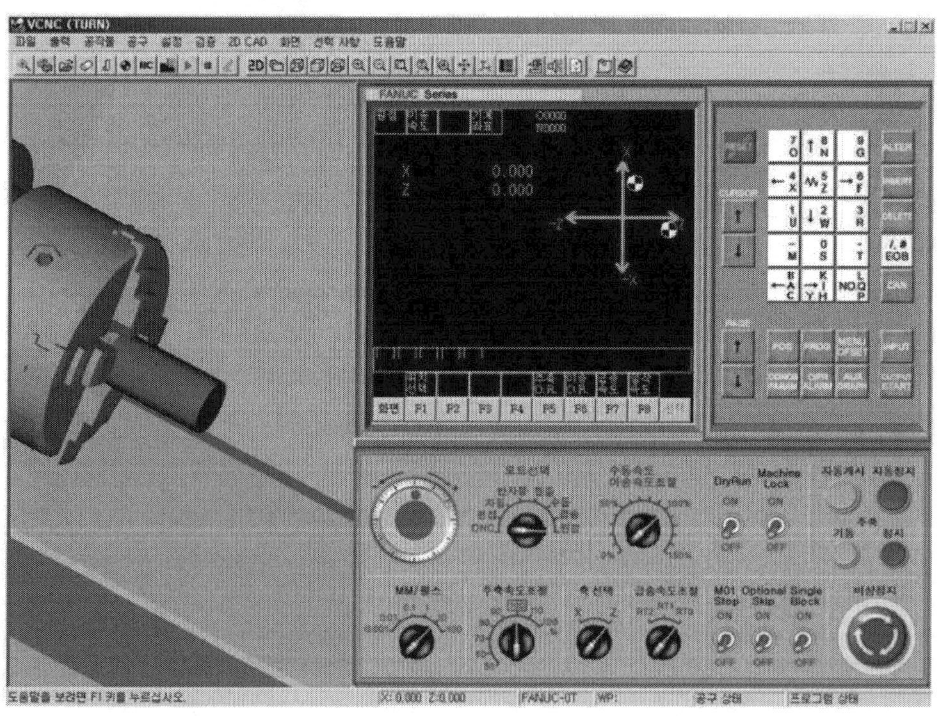

나. 가공 시뮬레이션 및 검증

기계설정	공작물생성	공구설정	원점설정	nc입력	자동운전	검증

① 주 메뉴바 → 설정 → 기계 설정을 클릭한다.
② 설정 마법사의 화면 중 기계 탭이 활성화 된다.
③ 콘트롤러 → FANUC 0T → 적용 버튼을 누른다.
④ 적용 버튼을 눌러 기계 설정을 한다.

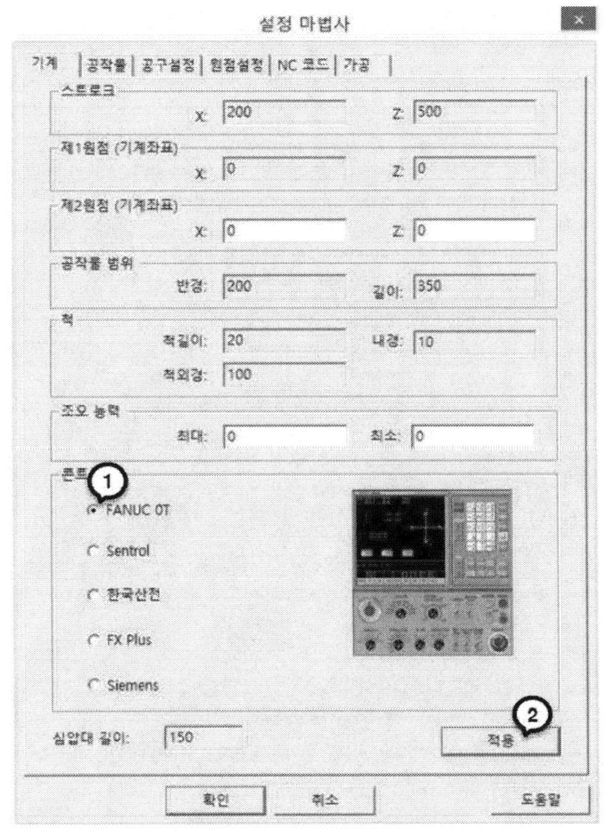

- 기계설정의 컨트롤러 타입은 저장되므로 이전에 선택하였을 경우 공작물 생성부터 진행해도 된다.
- 각 작업의 순서가 탭으로 구성되어 있으므로 확인을 눌러 창을 닫지 않고 진행해도 된다.

다. **공작물**

기계설정	공작물생성	공구설정	원점설정	nc입력	자동운전	검증

① 공작물 탭을 선택한다.

② 공작물 종류 → 원기둥 선택 → 직경 50, 길이 97을 입력한다.

③ 적용 버튼을 눌러 공작물을 생성한다.

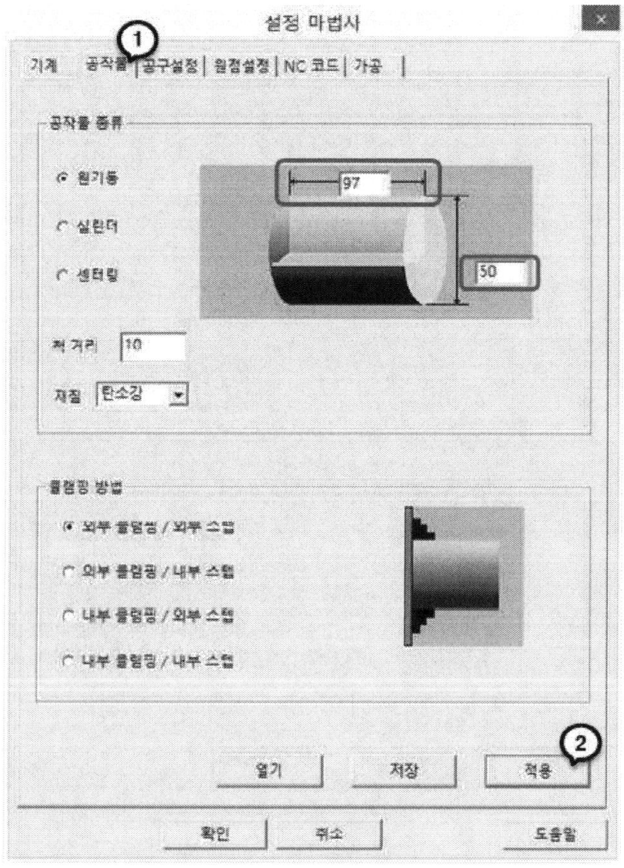

라. 공구설정

기계설정	공작물생성	공구설정	원점설정	nc입력	자동운전	검증

① 공구설정 탭을 선택한다.
② 라이브러리에서 외경홈파기 공구를 더블클릭한다.
③ 일반 공구 정의창에서 인선길이, 내접원길이 항목에 3.0을 입력한다.
④ 완료를 클릭한다.
⑤ 외경홈파기 공구를 터렛의 5번 항목으로 드래그한다.

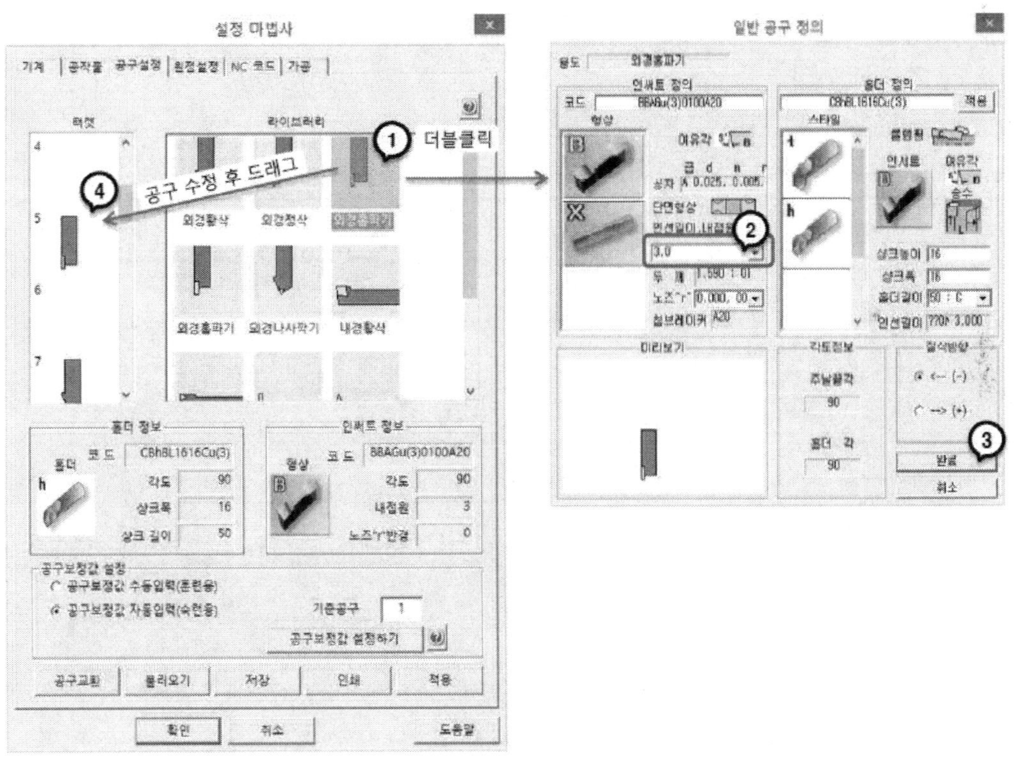

⑥ 공구보정값 자동입력(숙련용) → 공구보정값 설정하기 버튼 선택
⑦ 적용 버튼을 눌러 공구를 정의한다.

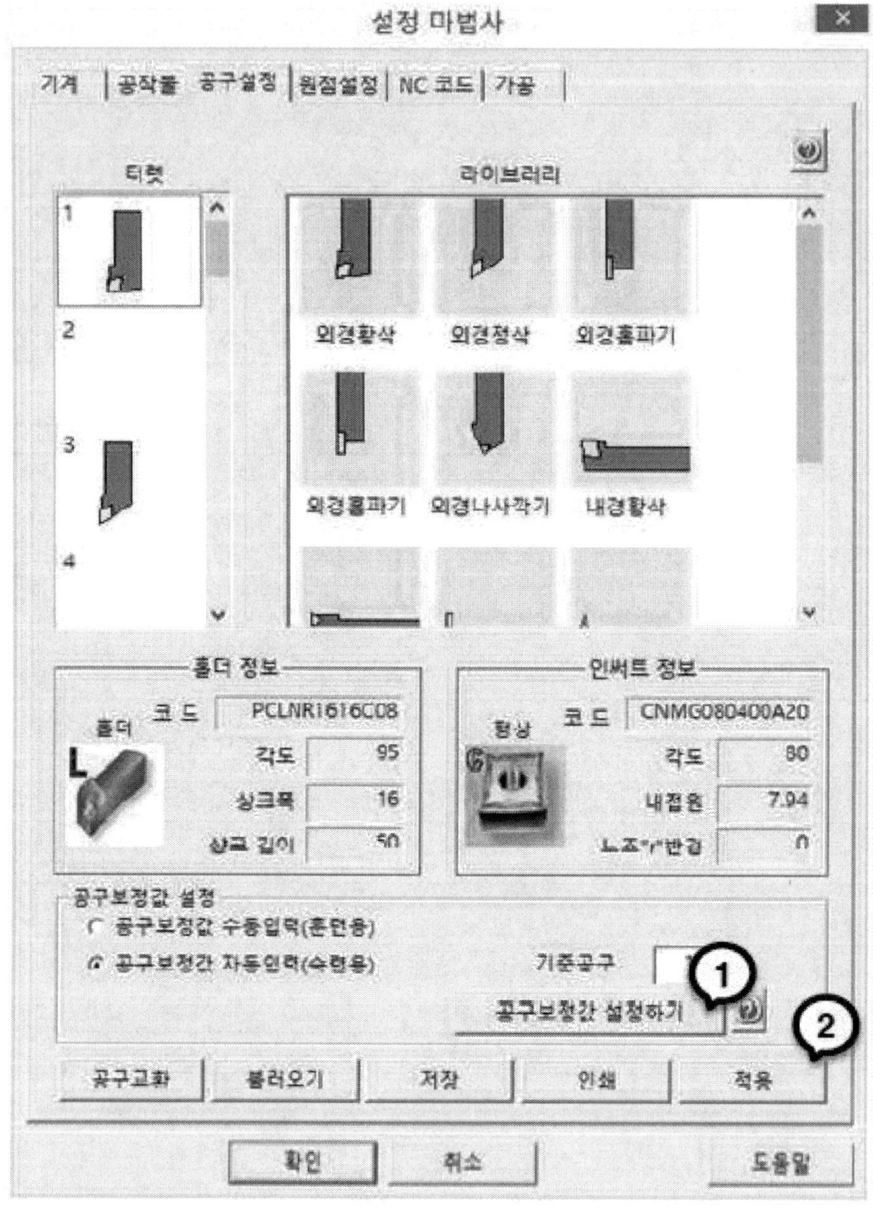

마. **원점 설정**

기계설정	공작물생성	공구설정	원점설정	nc입력	자동운전	검증

① 원점설정 탭을 선택한다.

② 빠른방식(숙련용) → 공작물 중앙점 선택 → 가공원점 알아내기를 눌러 기계 좌표가 나타난다.

③ 기계 좌표값을 기억한다. (ø50 x 97mm 의 공작물의 경우 : X -300, Z -388이다.)

④ 공작물 가공원점 자동입력 버튼을 클릭한다.(G50에 좌표계를 입력하지 않는 경우)

⑤ 확인을 눌러 설정마법사 창을 닫는다.

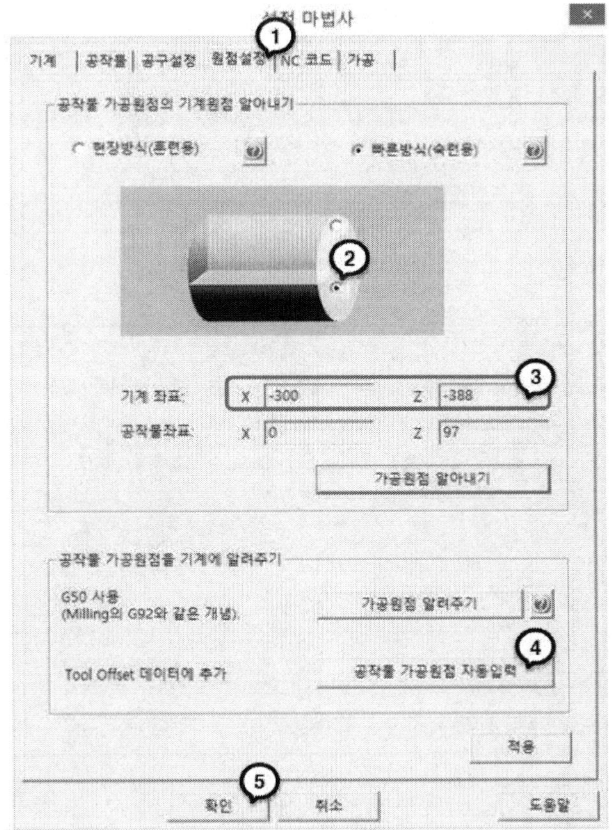

바. NC입력

기계설정	공작물생성	공구설정	원점설정	nc입력	자동운전	검증

① 주 메뉴바 → 파일 → 열기를 선택한다.

② 열기 창이 실행되면 이미 저장된 NC파일을 찾아 파일을 클릭하고 열기를 클릭한다.

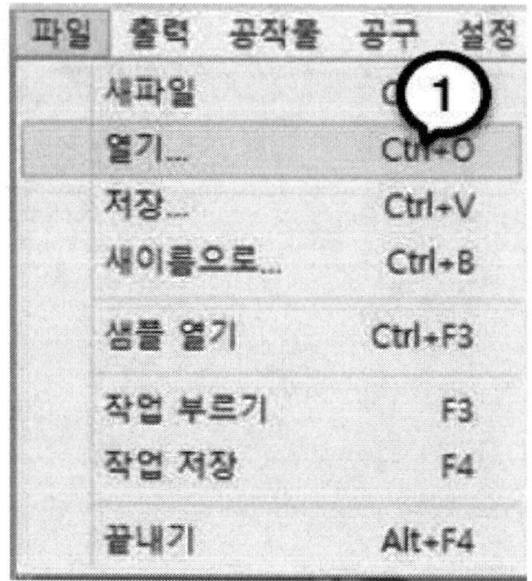

③ 좌표계를 입력하지 않는 경우 다음페이지로 진행한다.

④ G50 이후 X, Z 값을 넣는 경우 아래 내용을 참고한다.

- **G50에 공작물 가공원점을 입력하는 방법**

① 좌표계를 입력하여 사용하는 경우에는 편집모드에서 좌표계를 입력한다.

② 모드선택 → 편집→ CRT화면 마우스 클릭한다.

③ G50 **X____ Z____** S2500 T0300; 부분을 편집한다.

④ 가공원점 알아내기에서 기억해둔 원점 좌표계를 입력한다.

(G50 **X300.0 Z388.0** S2500 T0300)

⑤ 주메뉴바 → 파일 → 저장을 누른다.

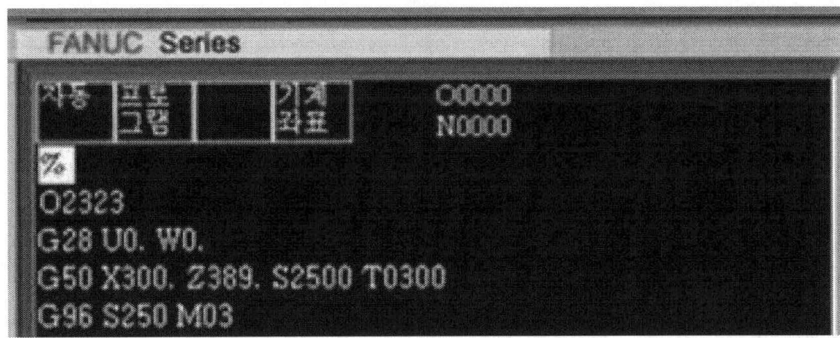

※ G50 기능의 사용에 따른 공작물 가공원점 입력의 차이

1) 좌표계를 입력하여 사용하는 경우

- G50 X300. Z389. S2500 T0300; 의 형식으로 입력
- 공구 보정값에는 기준공구와의 공구 길이 차이값만 입력됨

2) 좌표계를 입력하지 않는 경우

- G50 S1800 T0300; 의 형식으로 입력
- 공구 보정값에는 각 공구의 기계좌표값이 입력됨

사. 자동운전

기계설정	공작물생성	공구설정	원점설정	nc입력	자동운전	검증

① 콘트롤러 조작반 → 모드선택 → 자동 모드를 선택한다.
② 콘트롤러 화면 → 처음 [F3] → 콘트롤러 조작반 → 자동개시를 클릭한다.

③ 뒷면깍기가 완료되면 마우스로 기계화면을 클릭한다.
④ 마우스 오른쪽 버튼을 클릭 한 후 공작물 돌리기를 선택한다.

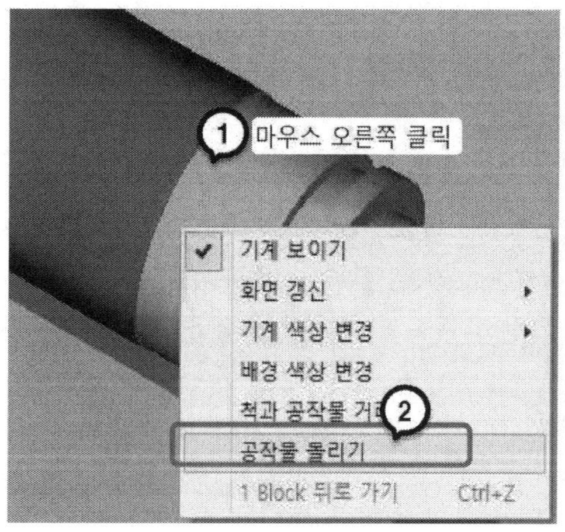

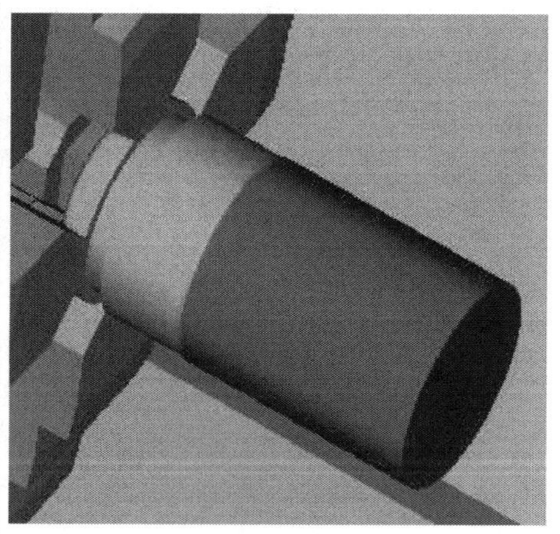

⑤ F5(아래 블럭으로 이동)를 눌러 G28 U0. W0. 블록으로 이동한다.

	일람표	도안	처음	↑	↓	▲	▼
화면	F1	F2	F3	F4	F5	F6	F7

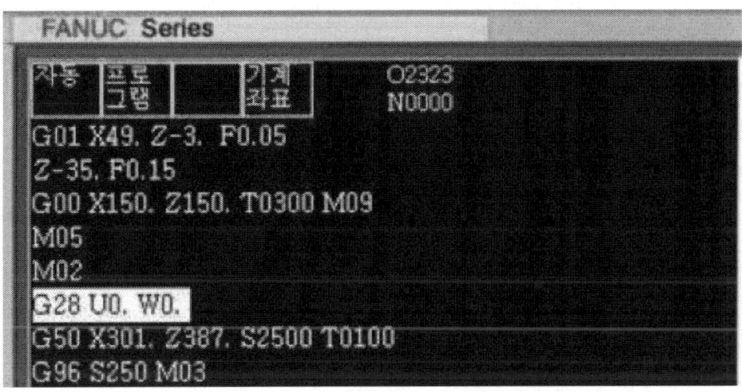

⑥ 콘트롤러 화면 → 처음[F3] → 콘트롤러 조작반 → 자동개시를 클릭 한다.

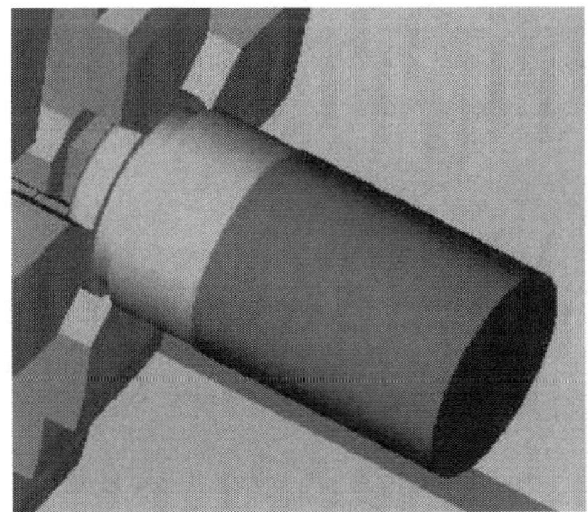
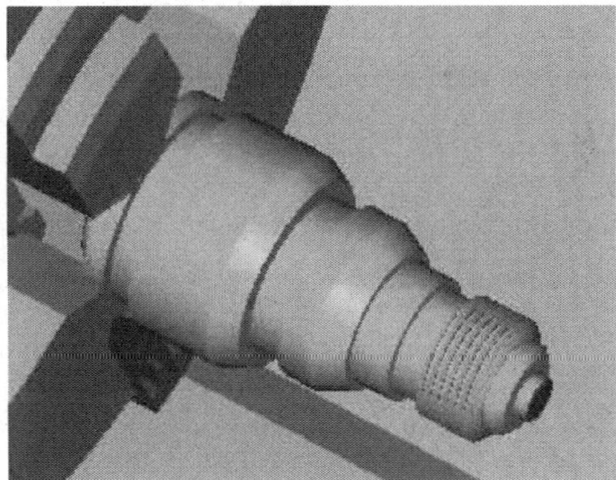

아. 검증

기계설정	공작물생성	공구설정	원점설정	nc입력	자동운전	검증

(1) 공작물 검사

① 메뉴 → 검증 → 공작물 검사를 클릭한다.

② 화면 오른쪽측정 도구에서 수평방향 측정을 클릭하고 그래픽 화면에서 포인트를 클릭하여 측정한다.

③ 화면 오른쪽측정 도구에서 수직방향 측정을 클릭하고 그래픽 화면에서 포인트를 클릭하여 측정한다.

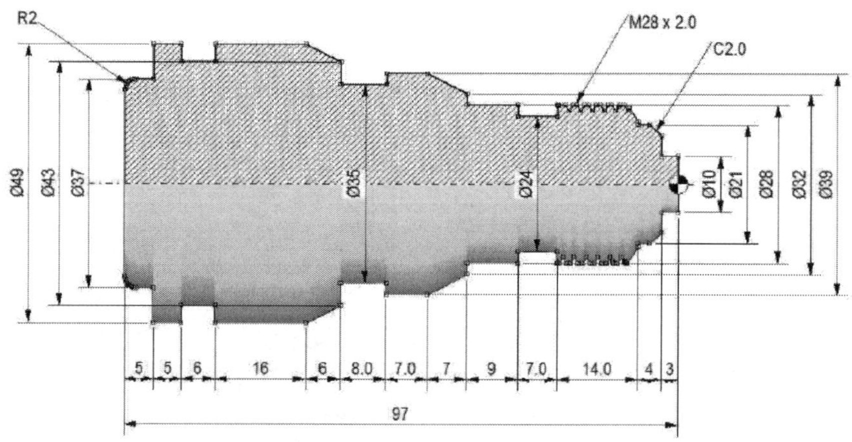

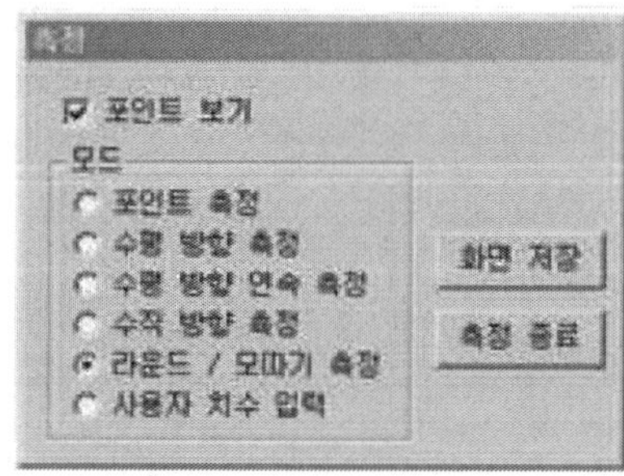

(2) NC **파일 수정 및 저장**

① 모드선택 → 편집→ CRT화면 마우스 클릭한다.

② CRT 화면에 수정할 프로그램을 입력한다.

③ 입력이 완료되면 다시 검증한다.

④ 검증이 완료 되면 주메뉴바 → 파일 → 저장을 누른다.

⑤ 파일이름을 영문자 O와 숫자 4자리로 입력하고 저장을 누른다.

파일 출력 공작물 공구 설정

새파일 Ctrl+N
열기... Ctrl+O
저장... Ctrl+V
새이름으로... Ctrl+B
샘플 열기 Ctrl+F3
작업 부르기 F3
작업 저장 F4
끝내기 Alt+F4

4. V-CNC 선반 운전

가. 도면 및 NC코드

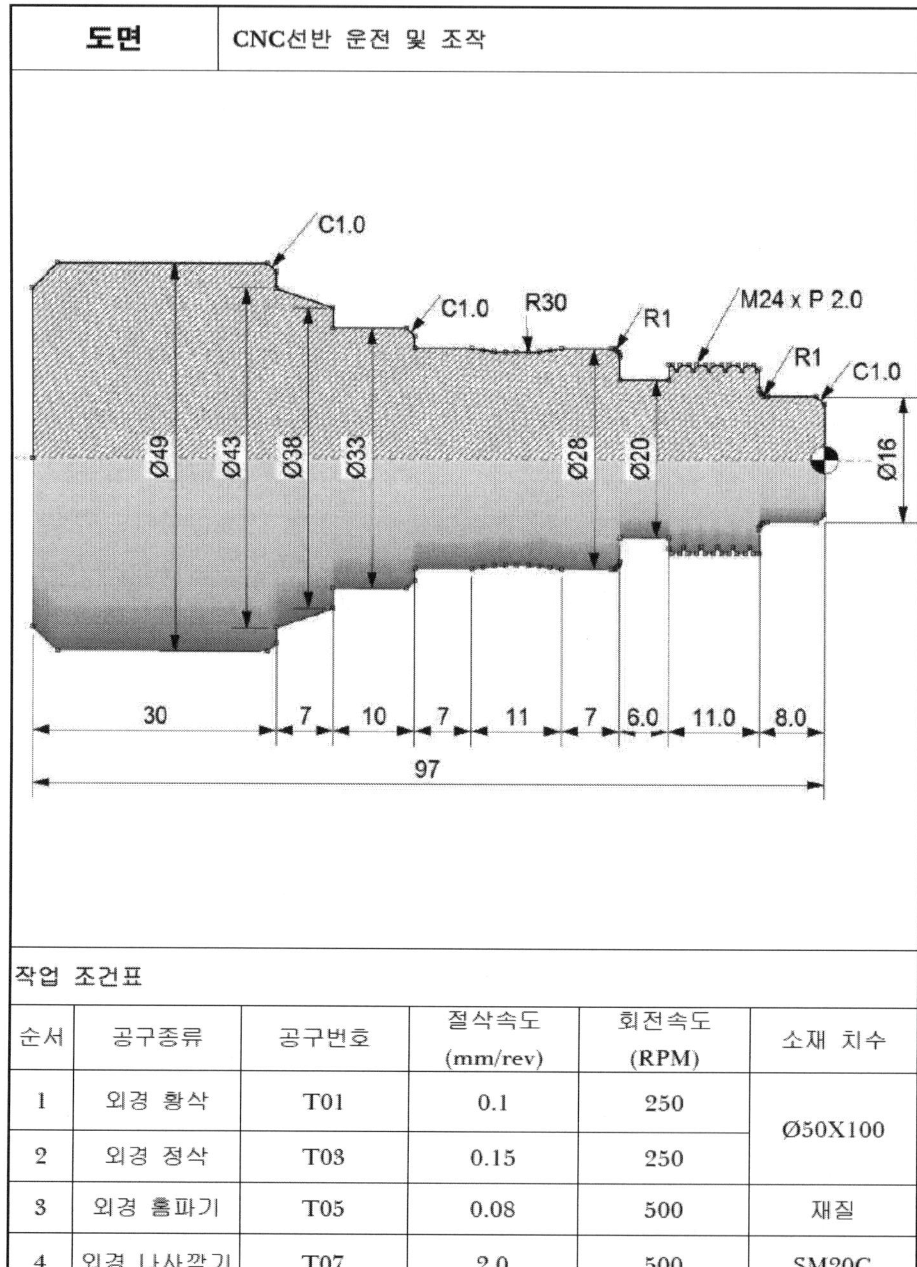

도면	CNC선반 운전 및 조작

작업 조건표

순서	공구종류	공구번호	절삭속도 (mm/rev)	회전속도 (RPM)	소재 치수
1	외경 황삭	T01	0.1	250	Ø50X100
2	외경 정삭	T03	0.15	250	
3	외경 홈파기	T05	0.08	500	재질
4	외경 나사깍기	T07	2.0	500	SM20C

(1) NC코드 CNC선반 운전 및 조작

```
%
O0010
G28 U0. W0.
G50 S2500 T0300
G96 S250 M03
G00 X52. Z0. T0303
G01 X-1.8 F0.1 M08
G00 X41. Z1.
G01 X49. Z-3. F0.05
Z-35. F0.15
G00 X150. Z150.
T0300 M09
M05
M02
G28 U0. W0.
G50 S2500 T0100
G96 S250 M03
G00 X52. Z3. T0101
G94 X-1.8 Z2.5 F0.1 M08
Z2.0
Z1.5
Z1.0
Z0.5
Z0.
G71 U1.0 R0.5
G71 P10 Q20 U0.4 W0.2 F0.15
N10 G00 X14.
G01 Z0.
X16. Z-1.
Z-7.
G02 X18. Z-8. R1.
G01 X24.
Z-25.
X26.
G03 X28. Z-26. R1.
G01 Z-32.
G02 Z-43. R30.
G01 Z-50.
X31.
X33. Z-51.
Z-60.
X38.
X43. Z-67.
X47.
X49. Z-68.
N20 G01 X51.
G00 X150. Z150.
T0100 M09
T0303
G96 S250 M03
G00 X52. Z2. M08
G70 P10 Q20 F0.15
G00 X150. Z150.
T0300 M09
T0505
G97 S500 M08
G00 X30. Z-25. M08
G01 X20. F0.08
G04 P1500
X30.
Z-23.
X20.
G04 P1500
X30.
G00 X150. Z150.
T0500 M09
T0707
G97 S500 M03
G00 X26. Z-6. M08
G76 P011060 Q50 R20
G76 X22.32 Z-22. P1190 Q350 F2.0
G00 X150. Z150.
T0700 M09
M05
M02
%
```

나. 콘트롤러 설정

(1) 콘트롤러

① 주 메뉴바 → 설정 → 기계설정을 클릭한다.

② 콘트롤러에서 SENTROL을 선택한다.

③ 적용 버튼 선택하여 콘트롤러를 적용한다.

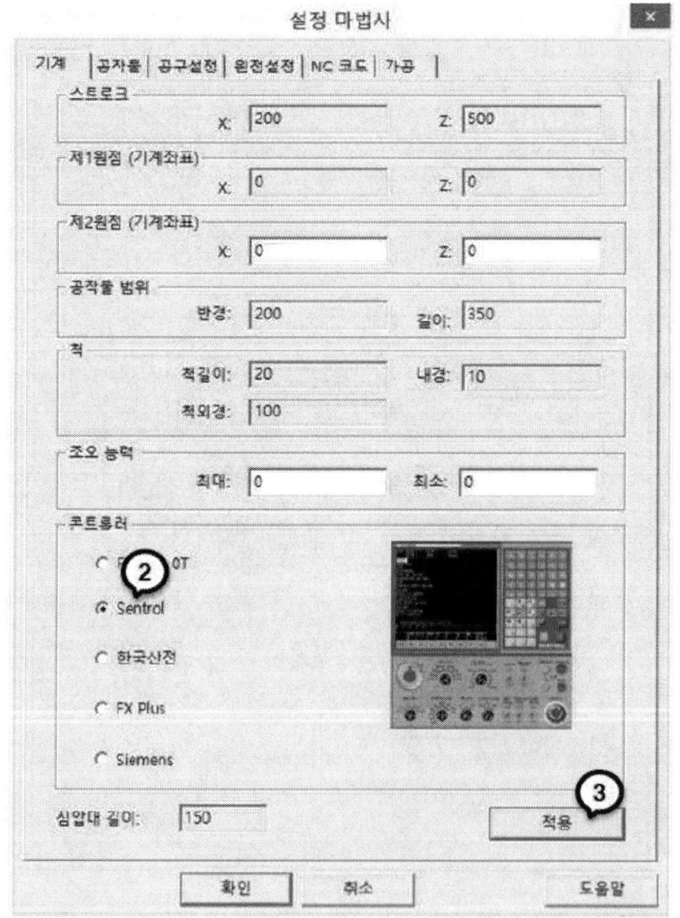

※ 선반에서는 NC코드의 싸이클의 종류에 따라 콘트롤러를 선택하여야 한다. G71(황삭), G76(나사) 등 싸이클의 1줄, 2줄 사용에 따라 변형하여야 하며 FANUC 콘트롤러는 2줄 사이클 코드만 사용하여 진행한다.

다. 공작물 설정

(1) 공작물 크기

① 공작물 탭을 선택한다.

② 공작물 종류 → 원기둥 선택 → 직경 50, 길이 100을 입력한다.

③ 적용 버튼을 눌러 공작물을 생성한다.

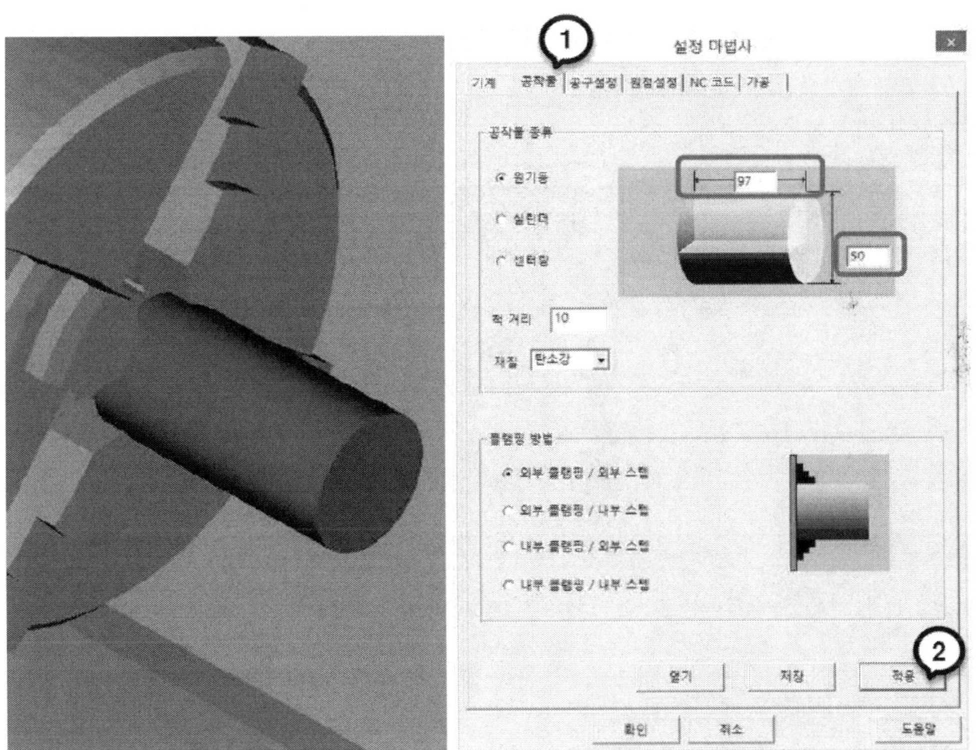

(2) 척 거리

척 거리는 공작물의 물림량을 의미하며 기본값은 10으로 설정되어 있고 최대 30까지 물릴 수 있다.

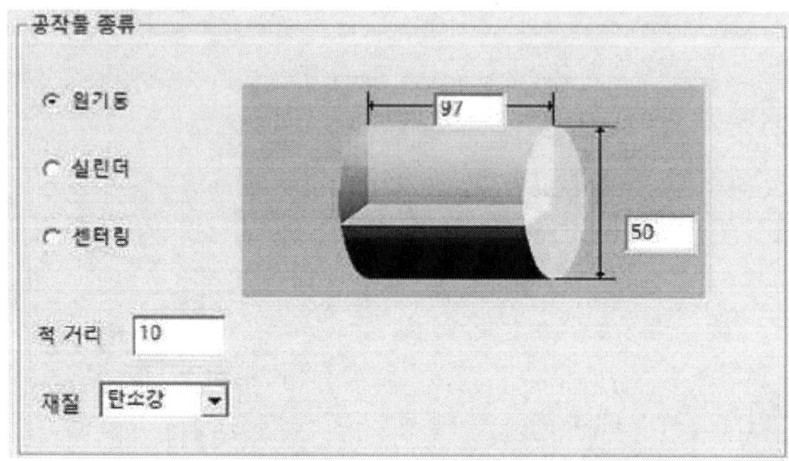

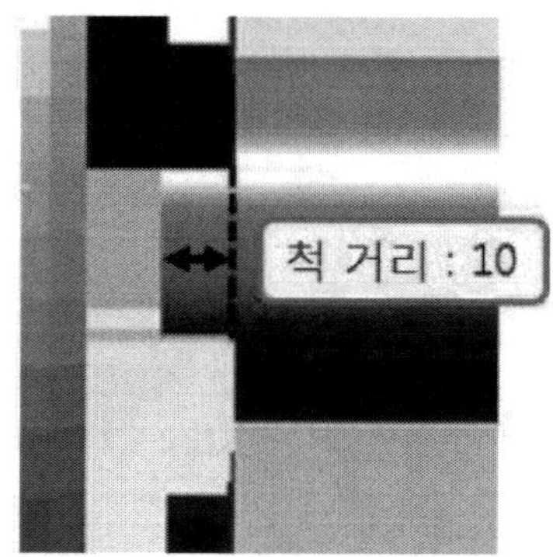

라. 공구 설정

(1) 공구 라이브러리

① 공구설정 탭을 선택한다.

② 공구 라이브러리에서 각 공구를 더블클릭하면 각 공구의 세부 정의를 할 수 있다.

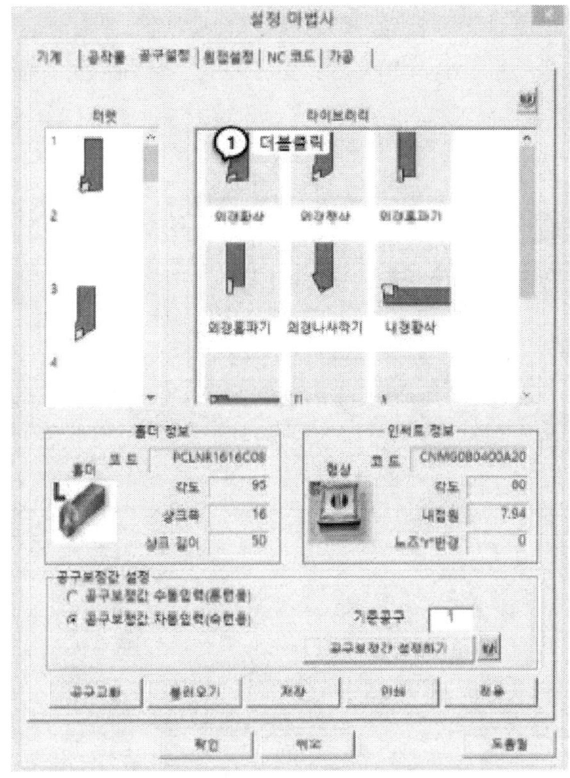
설정 마법사
1 더블클릭
외경황삭
외경정삭
외경홈파기
외경나사파기
내경황삭
홀더 정보
인서트 정보
PCLNR1616C08
CNMG080400A20
공구보정값 설정
기준공구

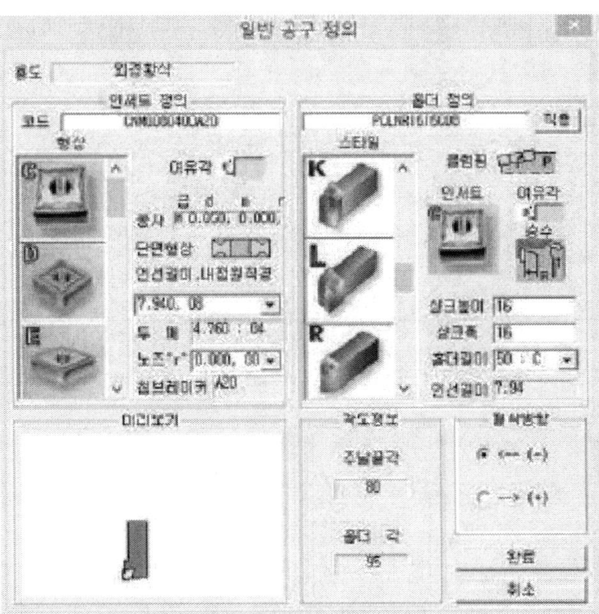
일반 공구 정의
외경황삭
인서트 정의
홀더 정의
PCLNR1616C08
미리보기
각도정보
주날물각
80
홀더 각
95
절삭방향
완료
취소

(2) **터렛**

① 외경 홈파기 공구를 3mm로 변경하기 위해 공구를 더블클릭한다.

② 외경 홈파기 공구의 정의창이 실행되면 인선길이의 값을 3mm로 입력하고 완료를 클릭한다.

③ 수정된 외경 홈파기 공구를 터렛의 5번에 끌어다 놓는다.

④ 기존에 있던 공구가 새로운 공구로 변경된다.

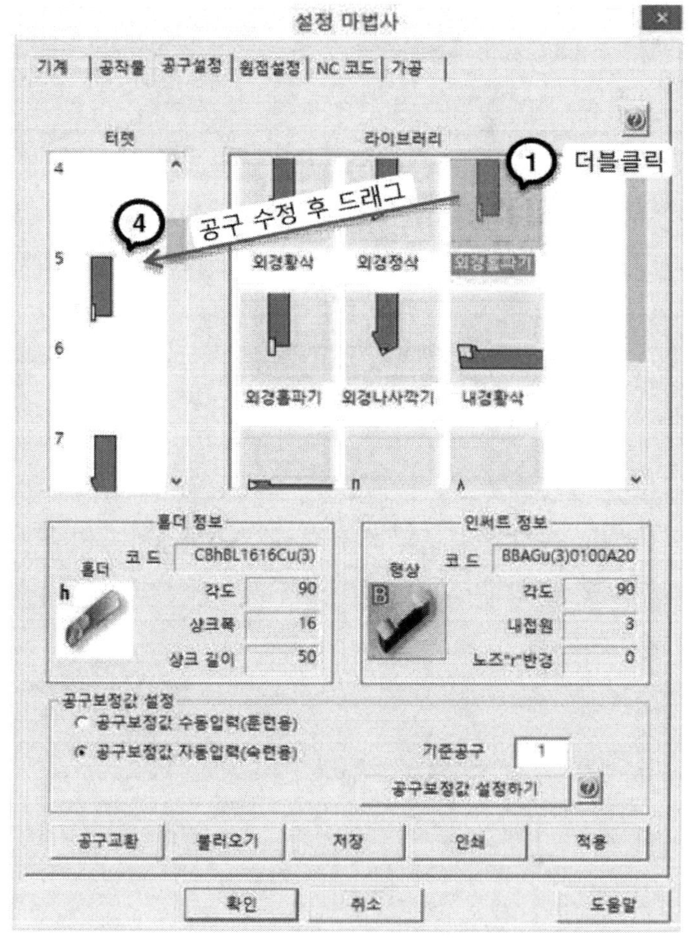

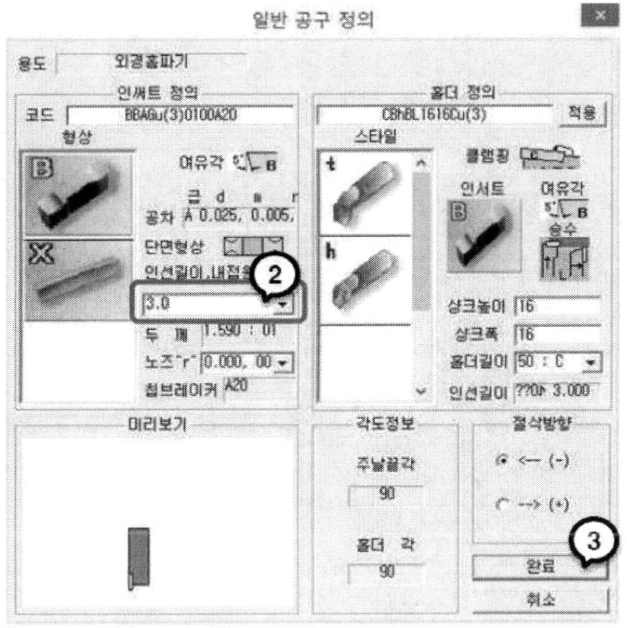

※ 기존 공구를 삭제하려면 터렛에서 해당하는 공구를 선택하고 DEL키를 눌러 삭제한다.

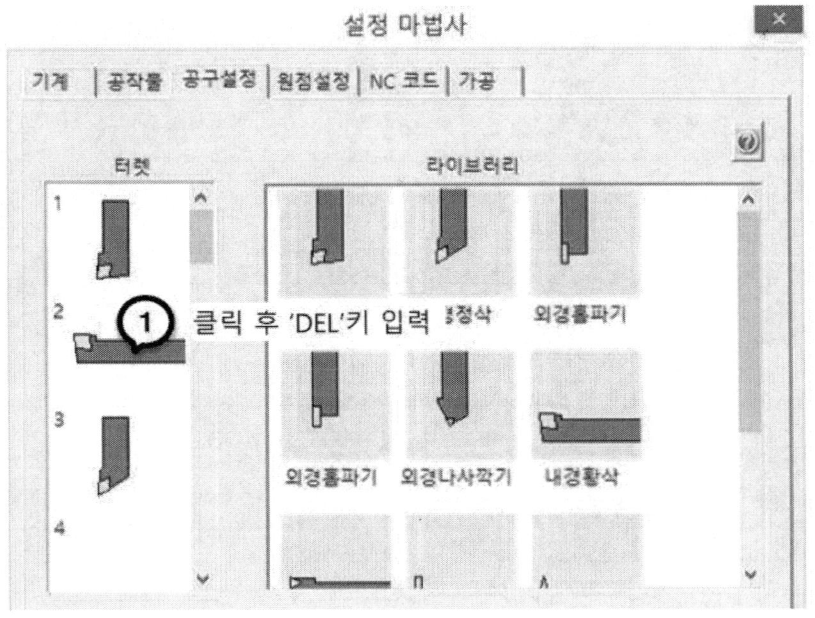

※ 터렛에서 장착되어 사용되고 있는 공구는 삭제할 수 없으며 다른 공구로 교환하여 삭제해야 한다. 공구 교환은 “다. 공구교환” 항목을 참고한다.

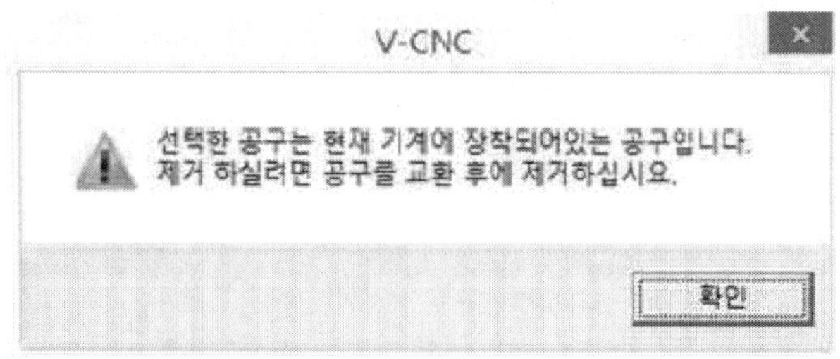

(3) **공구교환**

① 터렛에서 교환할 공구를 선택한다.
② 공구교환 버튼을 클릭한다.
③ 시뮬레이션 화면에서 공구가 교환된다.

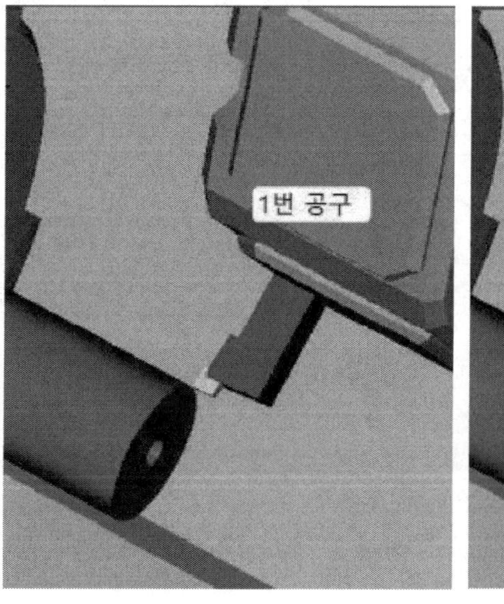

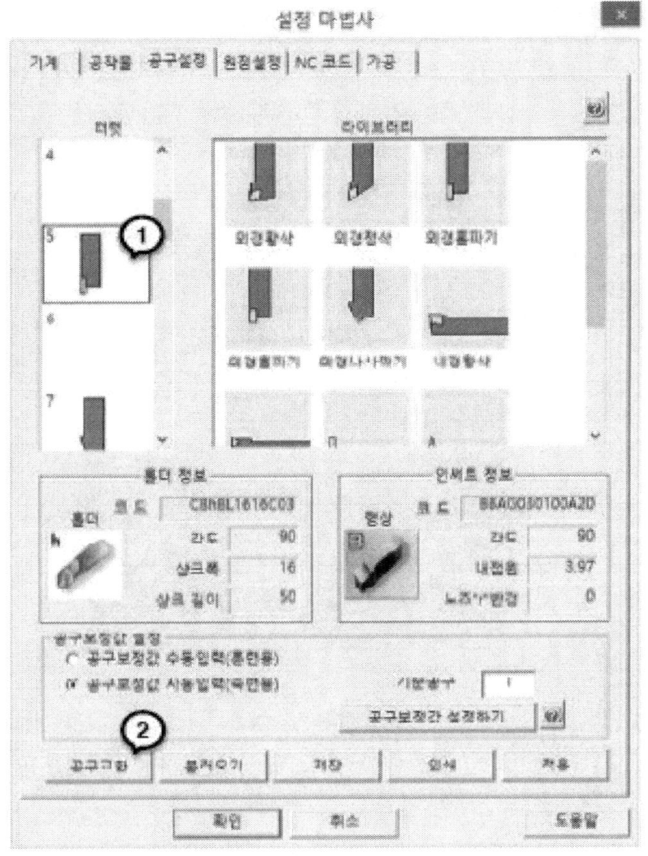

마. **공구보정**

(1) **공구보정값 수동 입력**

① “공구보정값 수동입력”을 선택한다.

② 공구보정값 설정하기 버튼을 클릭한다.

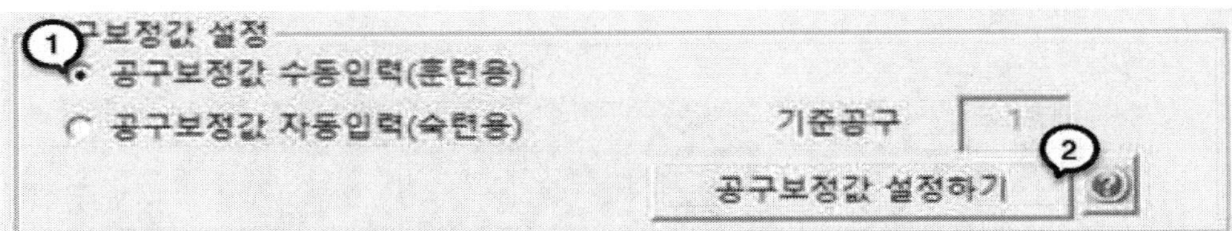

③ 기계 윈도우화면의 하단에 보면 공작물 위치를 클릭할 수 있는 그림에서 '기준위치'를 클릭하면, 자동으로 공구가 공작물의 우측 상단에 접촉하도록 합니다. 이때의 기계 좌표값(X, Z)을 CRT화면에서 알아내어 메모한다.

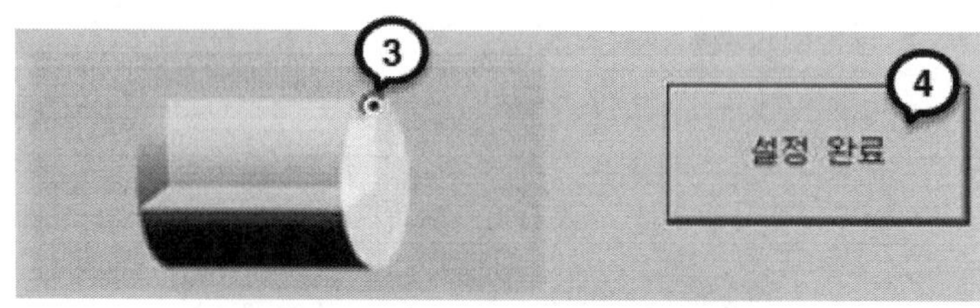

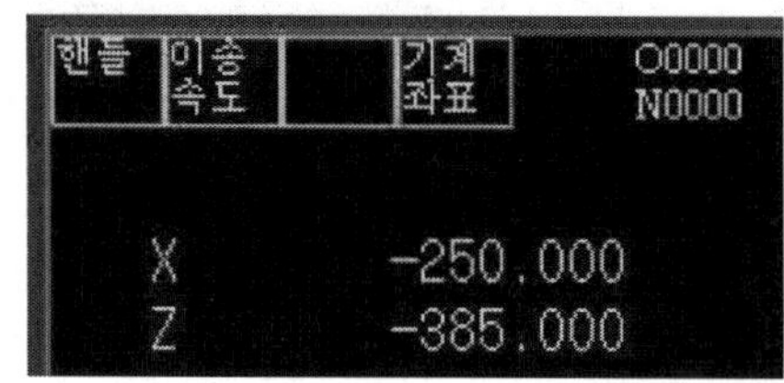

④ 공구를 교환하기 위해, 원점 모드 선택 후 키패드의 8, 6번 버튼을 클릭하여 기계원점으로 이동한다.

⑤ 다른 공구로 교환하기 위해서 반자동 모드를 선택한다.

⑥ CRT에 T0300을 입력하고 자동개시버튼을 눌러 공구를 교환시킨다.

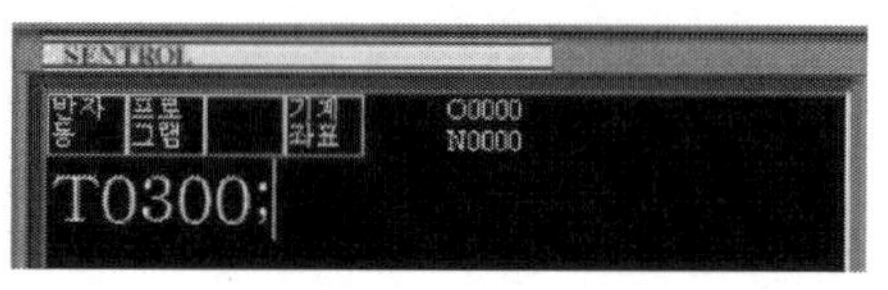

⑦ 기계 윈도우화면의 하단에 보면 공작물 위치를 클릭할 수 있는 그림에서 '기준위치'를 클릭하면, 자동으로 공구가 공작물의 우측 상단에 접촉하도록 합니다. 이때의 기계 좌표값(X, Z)을 CRT화면에서 알아내어 메모한다.

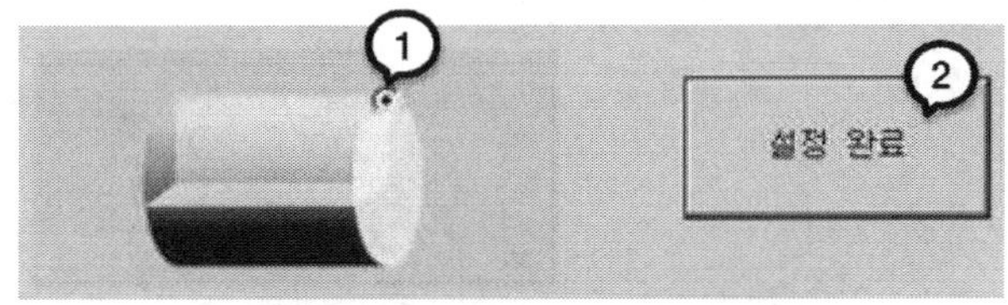

⑧ 공구의 보정값을 입력하기 위해 편집모드를 선택한다.

⑨ CRT메뉴의 화면을 클릭하고 보정(F5)를 클릭한다.

⑩ 일반(F1)을 클릭한다.

⑪ 보정값 파라메터 화면이 나타난다.

⑫ 해당하는 공구번호를 클릭하고 입력창에 컴퓨터 키보드를 이용하여 X + 숫자

(예 : X10.0) 또는 Z + 숫자 (예 : Z10.0)와 같이 입력하고 엔터키를 친다.

⑬ 해당 공구번호의 X,Z 값에 공구보정값이 입력된다.

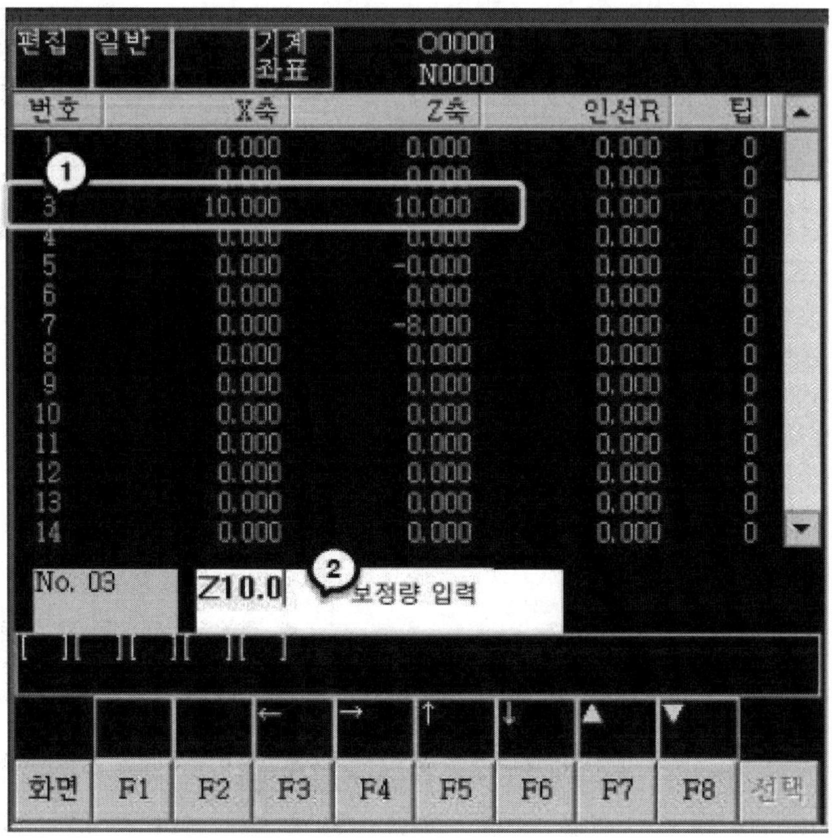

(2) **공구보정값 자동 입력**

① "공구보정값 자동입력"을 선택한다.

② 기준공구가 물려있는 터렛 번지 1을 지정하고 "공구 보정값 설정하기" 버튼을 누르면 보정값 입력화면에 보정값들이 자동으로 입력된다.

바. 원점 설정

(1) 현장방식

① 원점설정 탭을 선택한다.
② 현장방식(훈련용)을 선택한다.
③ 설정마법사 창을 닫는다.

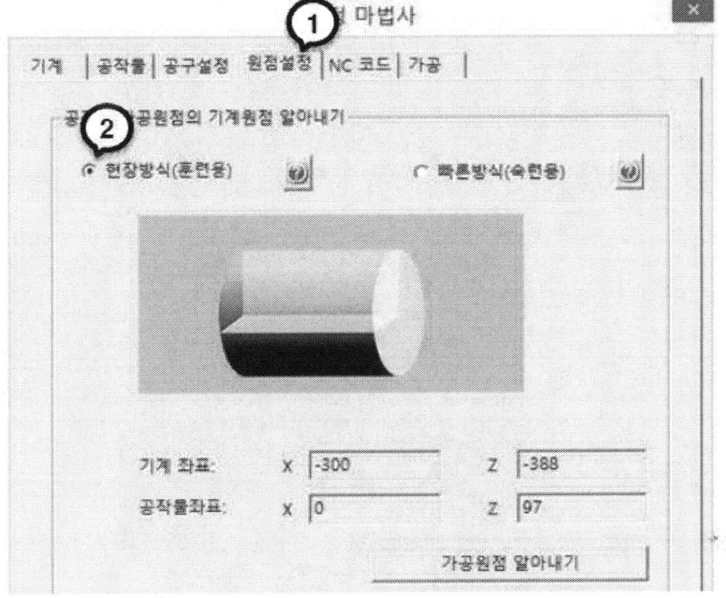

④ 기준공구 선택(통상 1번 공구로 함)하기 위해 현재 기계의 공구를 1번 공구로 변경한다.
⑤ 모드선택에서 반자동(MDI)을 선택하고 CRT화면에 T0100를 입력하고 ‘자동개시’ 버튼을 누른다.

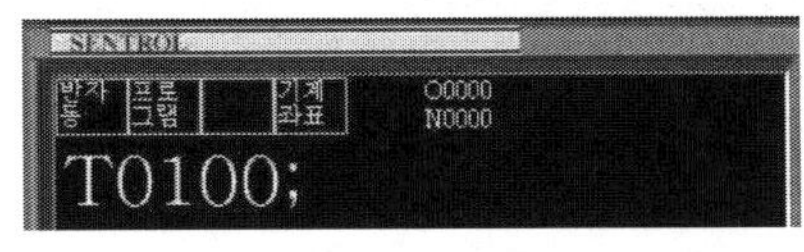

⑥ 주축을 회전시키기 위해서 CRT화면에 G96 M03 S200; 을 입력하고 '자동개시'를 누르거나 주축 기동 버튼을 누른다.

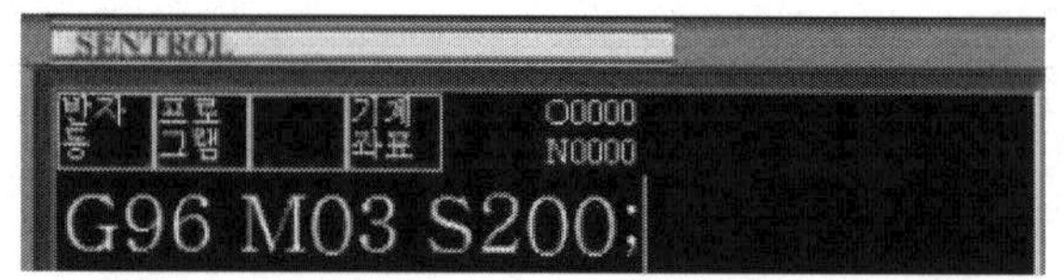

(2) **외경가공하기(공작물 원점 X축 알아내기)**

① 모드선택에서 핸들(MPG)을 선택하고, 축 선택에서 Z축을 선택하여 MPG를 움직여서 살짝 외경가공 한다(과삭하지 않도록 주의).

② 가공 후 X축을 이동하지 말고 적당한 위치까지 Z축을 후퇴 시킨다.

③ '주축 정지'버튼을 누른다.

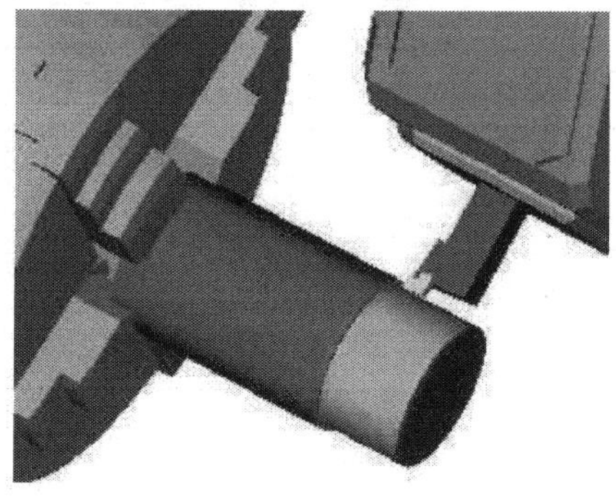

④ 메뉴의 검증에서 공작물 검사를 선택한다.

⑤ 측정 화면에서 수직방향 측정으로 마우스로 가공 포인트를 선택하면 직경값이 나타난다.

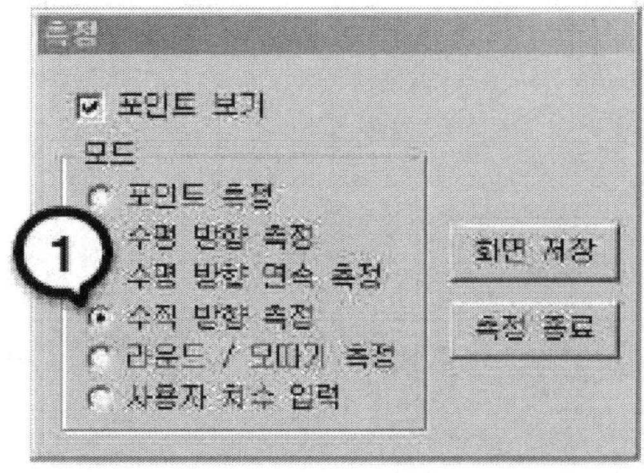

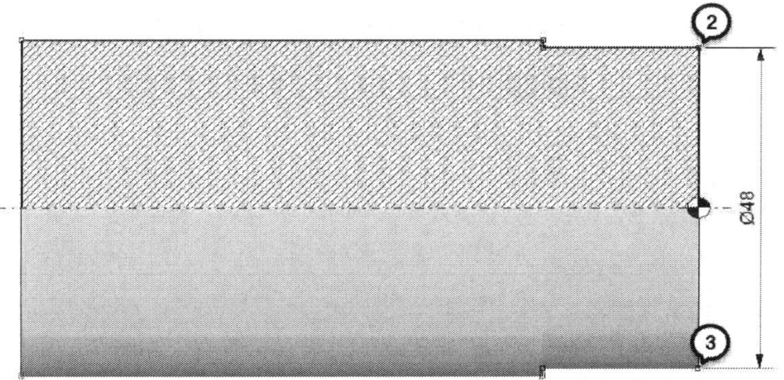

⑥ X축 기계좌표를 CRT에서 확인하고 메모한 다음에 공작물 원점 X축 기계좌표값을 구한다.(-252.000 - 48.0 = X -300.0)

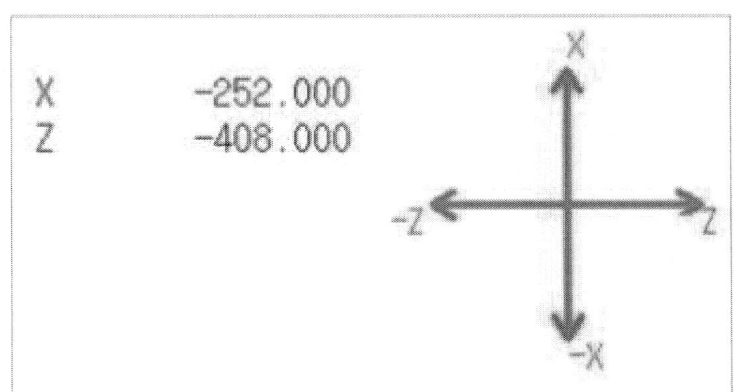

(3) **단면가공하기(공작물 원점 Z축 알아내기)**

① 외경가공과 같이 주축을 회전시키고, 핸들(MPG) 모드를 선택하고 축 선택은 X축을 선택하여 살짝 단면가공 한다(과삭하지 않도록 주의).

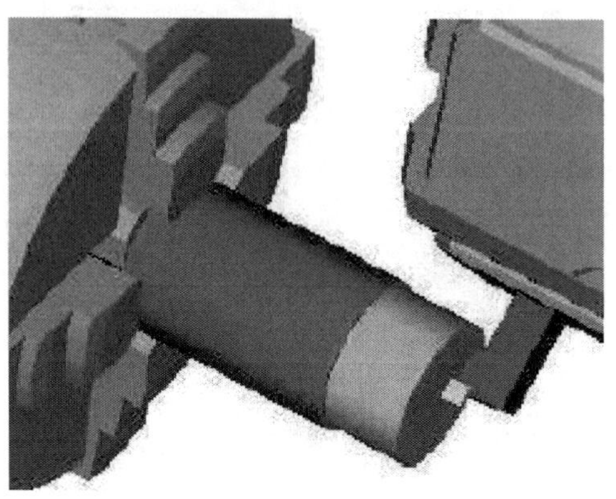

② 가공 후 Z축을 이동하지 말고 적당한 위치까지 X축을 후퇴 시킨다.

③ '주축 정지' 버튼을 누르고 가공된 단면을 측정한다.

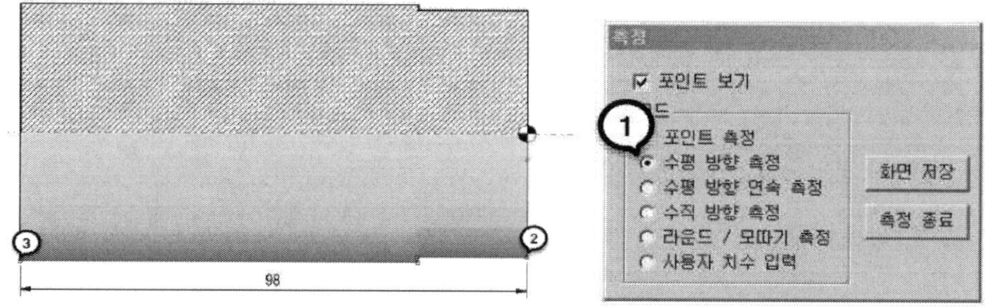

④ Z축 기계좌표를 CRT에서 확인하고 메모한 다음에 공작물 원점 X축 기계좌표값을 구한다.(-387.000 - 1.0 (공작물 97mm 기준) = X -388.0)

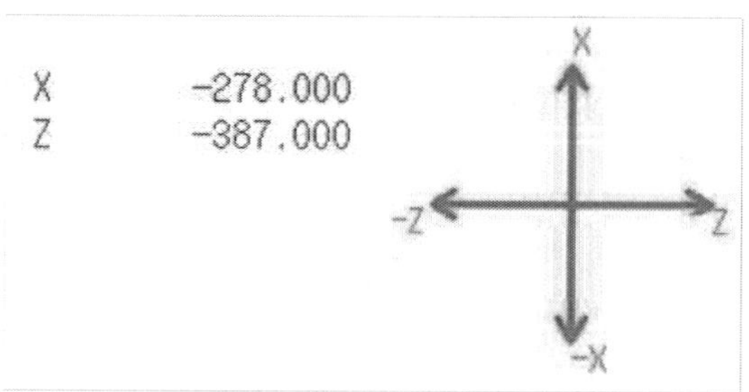

(4) **공작물 가공원점을 기계에 알려주기**

① 설정마법사 창을 닫는다.

② 모드선택에서 편집을 선택한다.

③ CRT화면 NC Code에 G50 X, Z축 기계 좌표값을 "-"없이 입력한다.

(5) **빠른방식 - G50 좌표계 입력 방식**

핸들운전과정을 생략하고 공작물 가공원점을 마우스로 바로 선택하여 공구를 위치로 이동시키는 방식이다.

① "빠른 방식(숙련용)"을 선택한다.

② 두 개의 원점에서 원하는 부분을 마우스로 선택하면 공구가 그 위치에 놓이게 된다.

③ 가공원점 알아내기를 누르면 기계 윈도우화면에는 방금 선택한 위치로 공구가 이동하며, 대화상자의 기계좌표란에는 좌표값이 나타난다

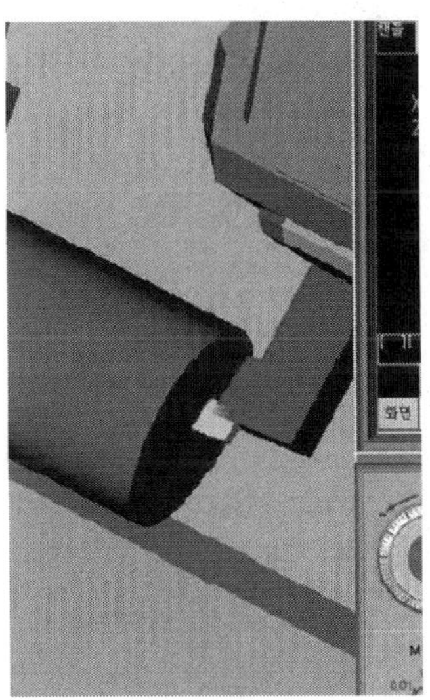

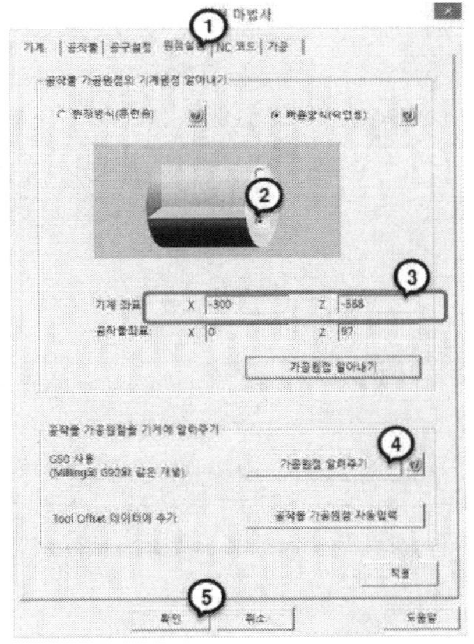

④ 설정마법사 창을 닫는다.
⑤ 모드선택에서 편집을 선택 한다.
⑥ CRT화면 NC Code에 G50 X, Z축 기계 좌표값을 "-"없이 입력한다.

(6) **빠른 방식 - Tool Offset 입력 방식**

핸들운전과정을 생략하고 공작물 가공원점을 마우스로 바로 선택하여 공구를 위치로 이동시키는 방식이다.

① "빠른 방식(숙련용)"을 선택한다.
② 두 개의 원점에서 원하는 부분을 마우스로 선택하면 공구가 그 위치에 놓이게 된다.
③ 가공원점 알아내기를 누르면 기계 윈도우화면에는 방금 선택한 위치로 공구가 이동하며, 대화상자의 기계좌표란에는 좌표값이 나타난다.
④ 공작물 가공원점을 기계에 알려주기 항목에서 공작물 가공원점 자동입력 버튼을 클릭한다.
⑥ 설정마법사 창을 닫는다.
⑦ 모드선택에서 편집을 선택 한다.
⑧ CRT화면 NC Code에 G50 X, Z축 기계 좌표값이 없는지 확인한다.

(7) **제2원점 설정**

CNC 선반은 프로그래밍 상에 G30을 지령하여 제2원점을 설정할 수 있다. 예를 들어 프로그래밍 상에

G30 U0 W0
G50 X150. Z150.
으로 프로그래밍 된 경우

① “빠른 방식”을 참고하여 공작물 원점 위치로 공구가 위치하도록 한다.

② MDI 모드에서 아래와 같이 입력하고 자동개시를 누른다.

G50 X0 Z0

G00 X150. Z150.

③ 핸들 모드에서 기계좌표를 확인한다.

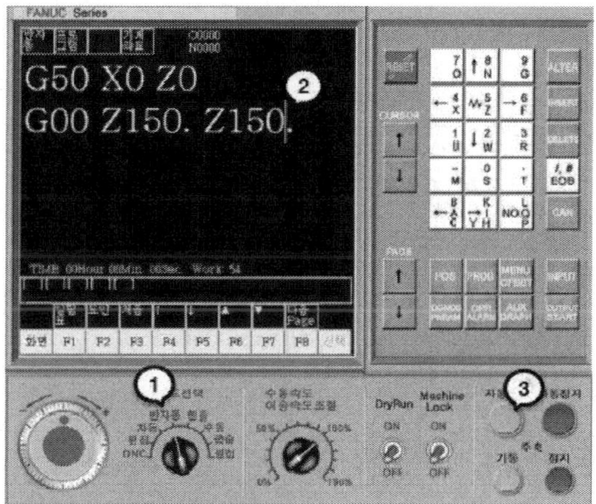

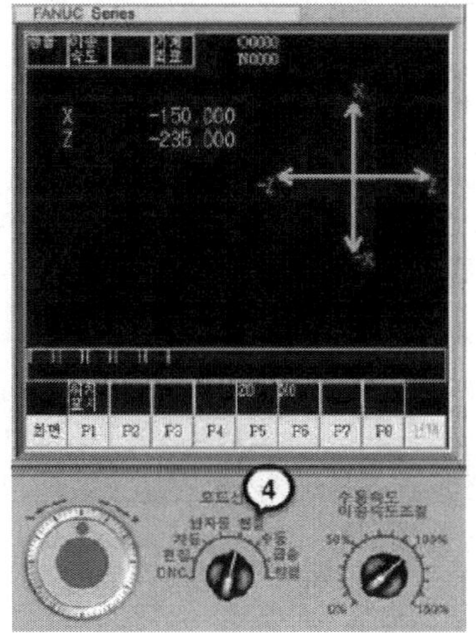

④ 기계설정 대화 상에 제2원점(기계좌표)값에 X, Z를 입력하여 사용한다.

⑤ V-CNC상의 공작물 원점은 X -300, Z -385(ø50x100mm 기준)이며 X150, Z150떨어진 지점을 제2원점으로 설정하려면 차이값인 X -150, Z -235를 입력하여 사용하면 된다.

다. NC 입력

(1) NC 수동입력

① 모드선택 → 편집 → CRT화면 마우스 클릭하여 NC코드를 입력한다.

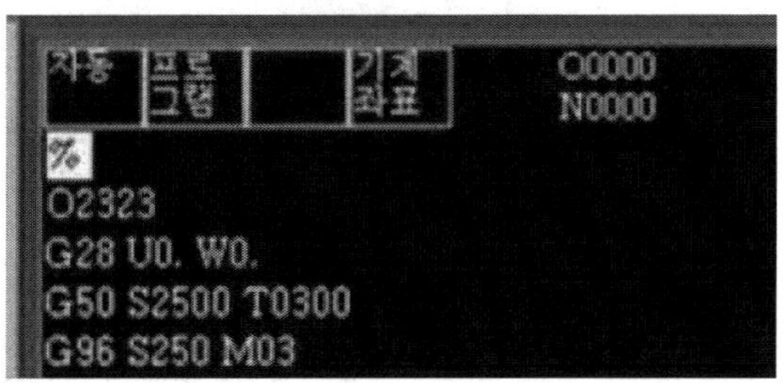

※ 메모장에서 작성된 내용을 드래그하여 복사한 뒤 Ctrl+C하여 V-CNC의 CRT화면을 클릭하고 Ctrl+V하여 내용을 붙여넣기 한다. 붙여넣기 한 뒤에는 반드시 주 메뉴바 → 파일 → 저장을 누르고 파일 이름에 숫자 4자리를 넣고 저장한다.

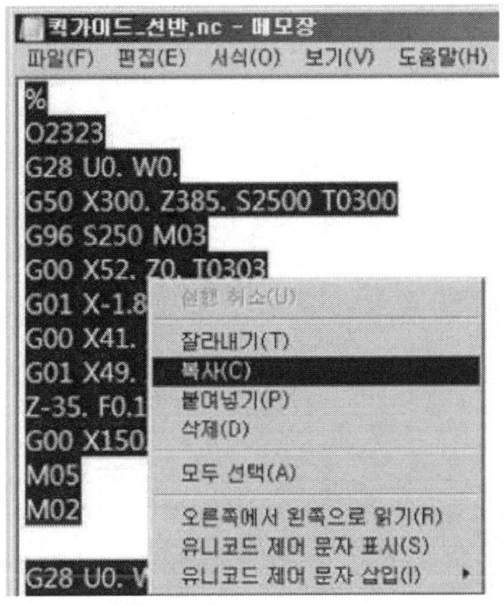

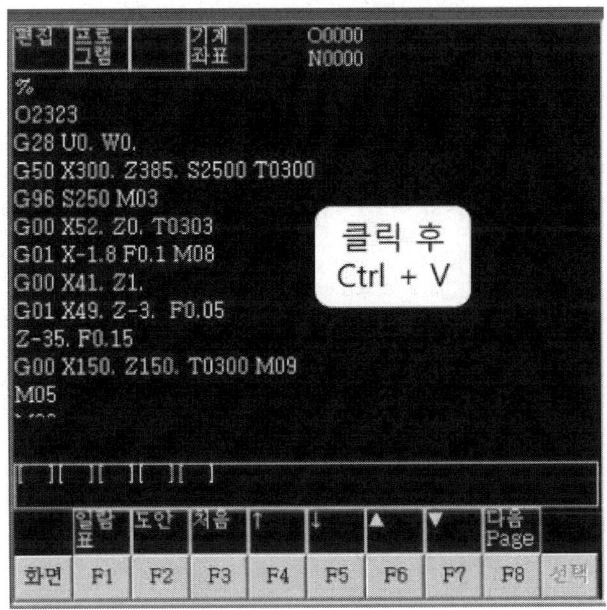

(2) NC 파일 열기

① 주 메뉴바 → 파일 → 열기를 선택한다.

② 열기 창이 실행되면 NC파일을 찾아 파일을 클릭하고 열기를 클릭한다.

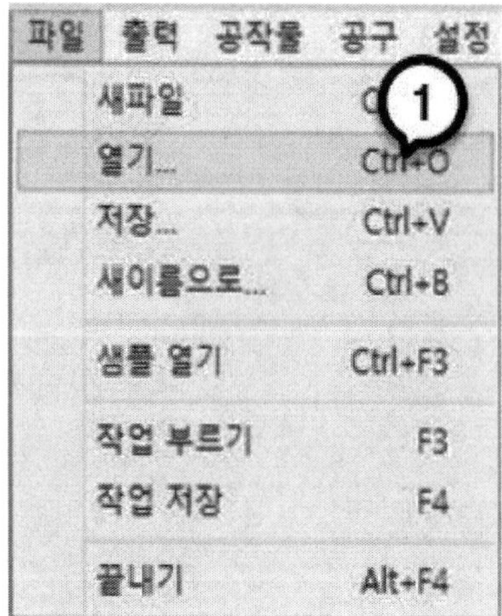
파일
출력
공작물
공구
설정
새파일
열기...
Ctrl+O
저장...
Ctrl+V
새이름으로...
Ctrl+B
샘플 열기
Ctrl+F3
작업 부르기
F3
작업 저장
F4
끝내기
Alt+F4
1

열기
V-CNC교재
2
3
열기(O)
취소
NC File(*.nc)

5. 가공 시뮬레이션 및 검증

가. NC 수정 및 적용

(1) 편집모드에서 NC 프로그램 수정

① 선반의 경우 G50 코드 뒤에 X, Z 값을 수정하여 공작물 원점의 좌표를 입력한다.

공작물 크기 ø50x97 일 때

G50 X____ Z____ S2500 T0100;

입력시 기억해둔 원점 좌표계를 입력한다.

→ G50 X300.0 Z388.0 S2500 T0100

② NC파일의 기계전송을 위해서는 %와 프로그램 번호가 필요하다.

③ NC코드의 맨 앞과 맨 뒤에 %가 각각 들어가야 하며 % 다음으로는 프로그램 번호(O0000가 입력되어야 한다.

예) %

O2323

G28 U0. W0.

G50 X300. Z385. S2500 T0300

%

(2) NC 프로그램 파일 저장

① 주 메뉴바 → 파일 → 새이름으로..를 실행하여 NC파일을 저장한다.

② 파일이름을 입력하고 파일 형식은 NC files(*.nc)로 한다.

③ 파일이름은 O0000의 형식으로 대문자 O와 숫자 네 자리로 구성한다.

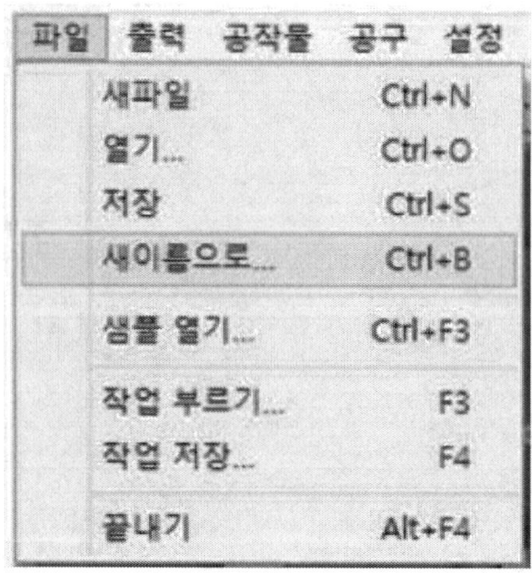

※ 메모장을 연 상태에서 V-CNC에서 불러와서 작업을 할 경우 메모장의 수정 사항이 저장되지 않는다. 동일한 파일을 메모장과 V-CNC의 두 프로그램에서 사용하고 있어 저장이 되지 않으므로 메모장을 닫고 V-CNC에서 편집 후 저장하면 된다.

나. 가공 시뮬레이션

(1) 시뮬레이션 실행

① 콘트롤러 조작반 → 모드선택 → 자동을 선택한다.

② Single Block으로 가공을 진행할 경우 해당 버튼을 ON으로 한다.

③ 콘트롤러 화면 → 처음[F3] → 콘트롤러 조작반 → 자동개시를 누른다.

④ 10블럭 이상 가공 후 이상이 없으면 Single block을 다시 클릭하여 해제 한 후 자동개시를 다시 눌러 가공을 진행한다.

(2) 화면 보기

① 메뉴바 →화면 → 화면 정렬하기를 누른다.

② 콘트롤러 조작반을 더블클릭한다.(조작반 화면이 최소화 되어 전체 화면으로 시뮬레이션을 볼 수 있다.)

③ 메뉴바 → 화면 → 화면 정렬하기를 누르면 화면이 원래대로 보인다.

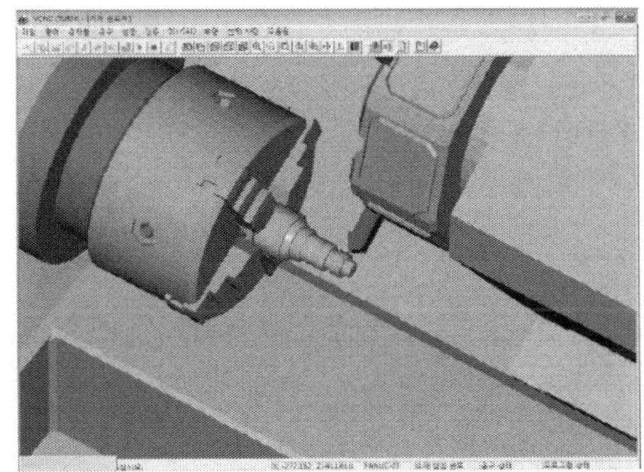

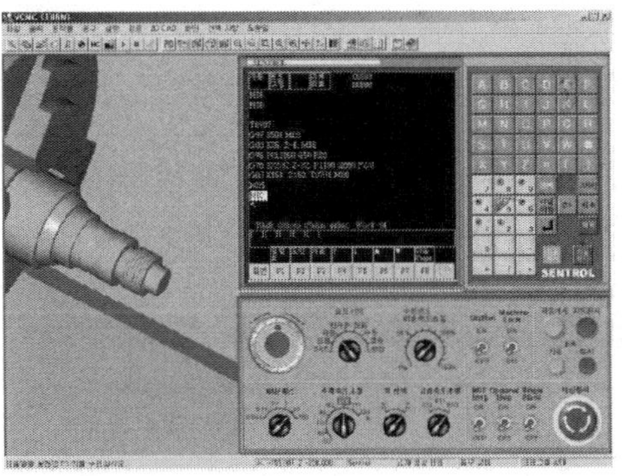

※ 가공 중 가공 속도의 조절은 수동속도/이송속도조절의 비율을 0%~150%로 선택할 수 있고 시뮬레이션 속도가 너무 빠르면 30%~40%로 설정한 후 시뮬레이션을 진행한다.

다. 공작물 검사

(1) 치수 검사

① 메뉴 → 검증 → 공작물 검사를 클릭한다.

② 측정 도구를 이용하여 각 항목의 치수를 측정한다.

③ 수평방향 측정을 이용하여 수평방향의 두 점을 차례로 선택하면 치수가 나타난다.

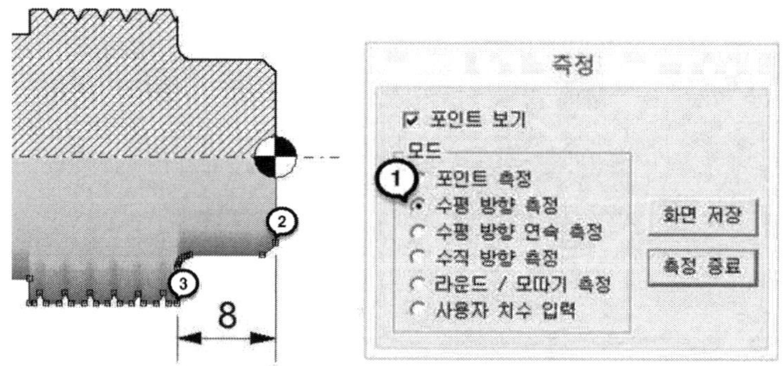

④ 수평방향 연속 측정 방법은 수평방향의 측정 점을 연속하여 선택하여 치수를 나타낸다.

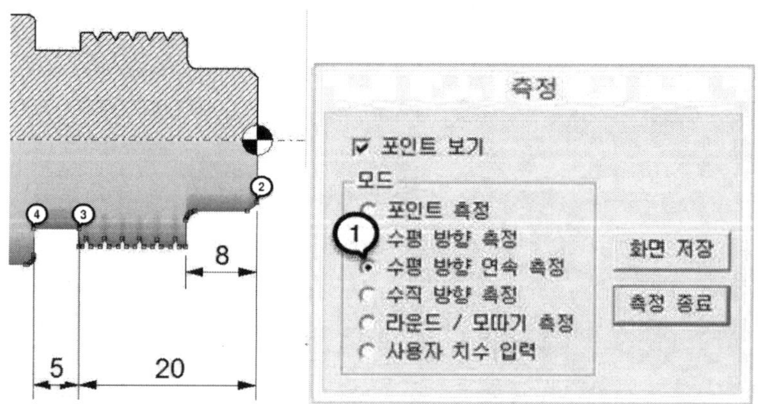

⑤ 수직 방향 측정은 지름 치수를 측정할 수 있으며 직경에 해당하는 두 점을 차례로 선택하여 나타낸다.

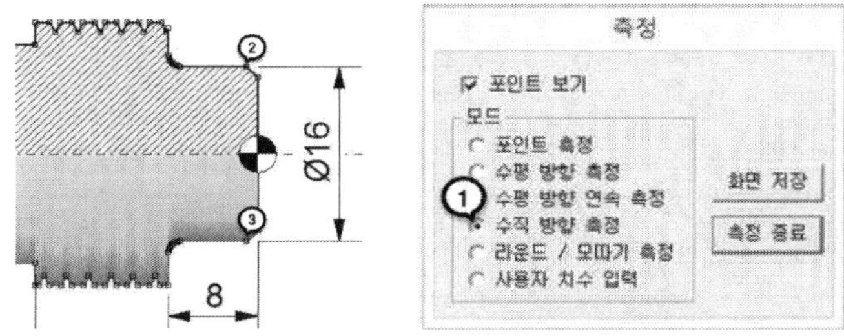

⑥ 라운드 / 모따기 측정은 R또는 C값으로 표현되며 모서리를 선택하여 치수를 나타낸다.

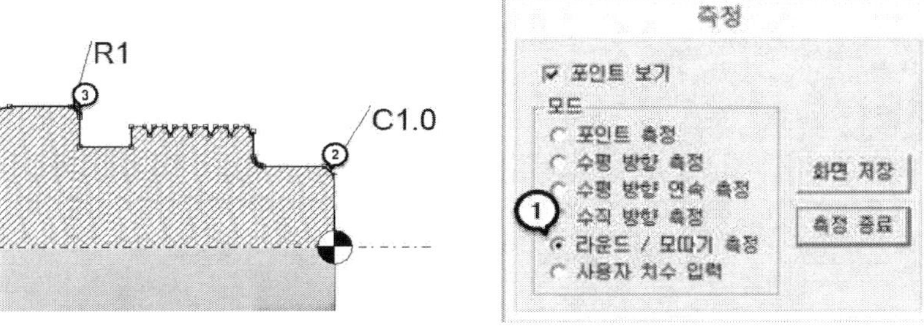

⑦ 사용자 치수 입력은 나사의 치수를 입력할 때 사용할 수 있으며 모서리를 클릭하면 텍스트 입력 창이 나타난다. 문구(M24 x 2.0)를 입력한 후 엔터키를 친다.

⑧ 치수를 표시할 곳에 마우스를 클릭하여 고정시킨다.

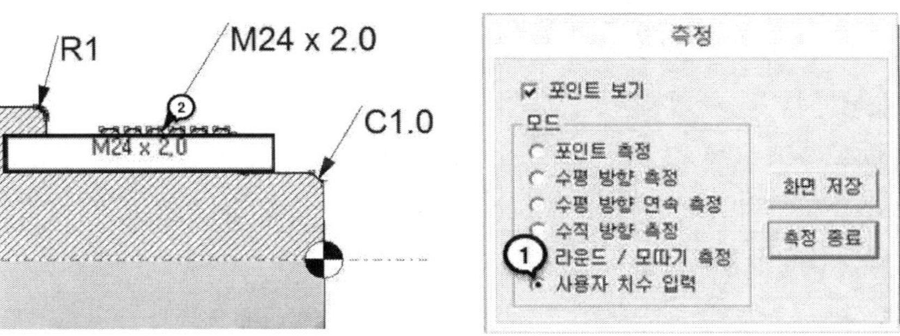

(2) 공구 경로

① 공구경로

메뉴 → 모드 → 공구경로를 선택하면 공구 경로 화면이 나타난다.

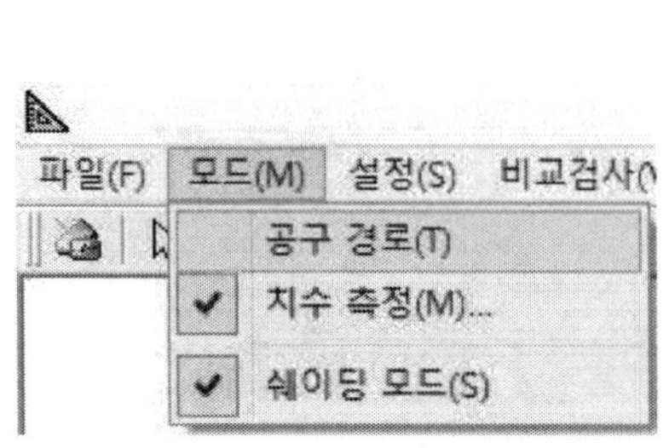

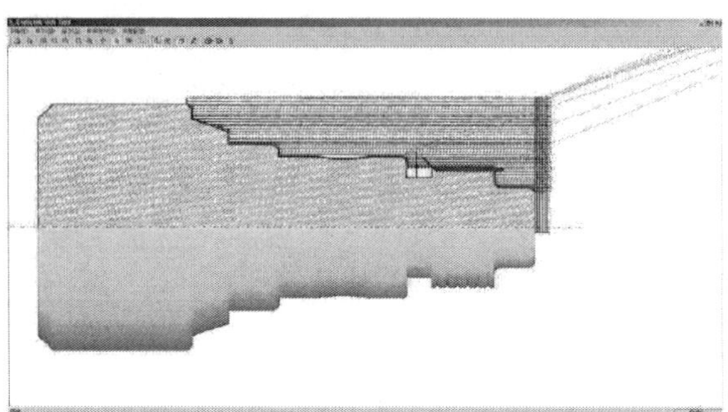

② 공구경로속성

메뉴 → 설정 → 공구경로속성을 변경하여 공구경로를 자세하게 확인할 수 있다.

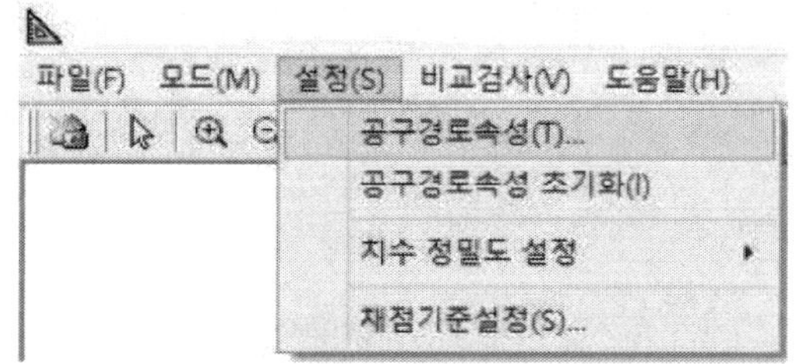

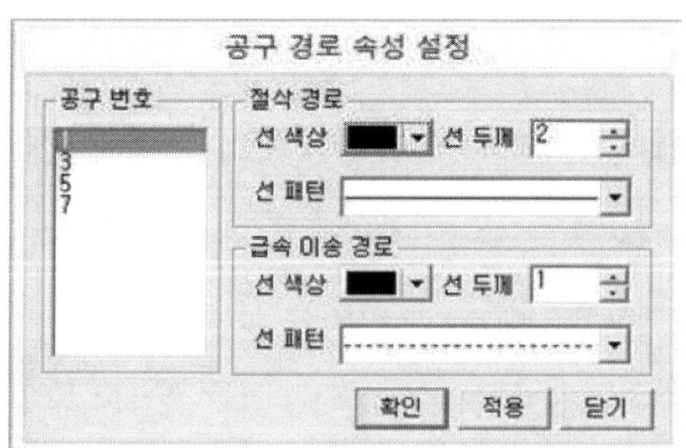

(3) 인쇄하기

1) 인쇄서식 및 출력

① 메뉴 → 파일 → 인쇄 미리 보기를 선택한다.

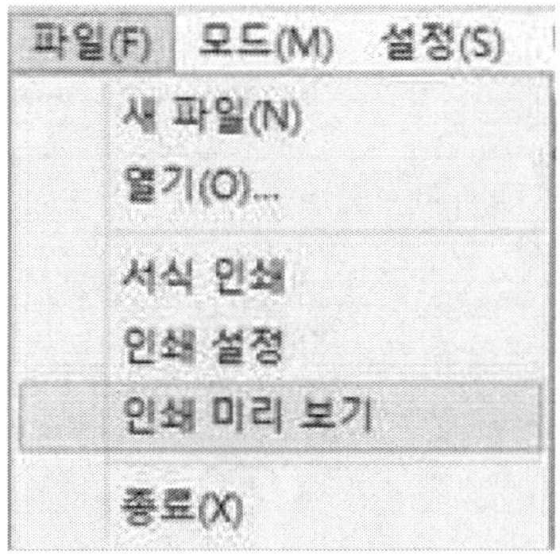

② 인쇄자의 정보를 입력하기 위해서 오른쪽 메뉴바에서 서식의 표제를 선택한다.

③ 메뉴바의 편집에서 Value의 값을 마우스로 선택한다.

④ 정보를 입력하고 키보드의 Enter 버튼을 누른다.

⑤ 정보가 입력되면 [적용] 버튼을 누른다.

⑥ 인쇄 버튼을 누르면 출력이 된다.

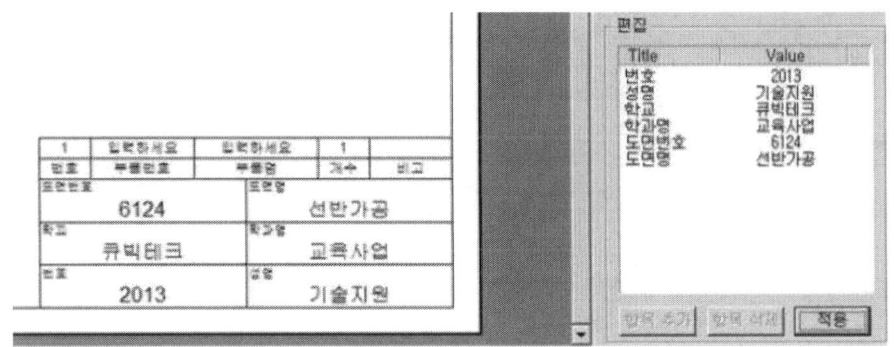

※ 메뉴바 → 모드 → 치수 측정을 선택하여 치수 측정 화면을 인쇄할 수 있다.

2) 이미지 저장하기

① 오른쪽 아래에 이미지 저장을 클릭한다.

② 저장할 폴더를 지정하고 파일 이름 입력하고 저장을 누른다.(jpg 또는 bmp로 저장된다.)

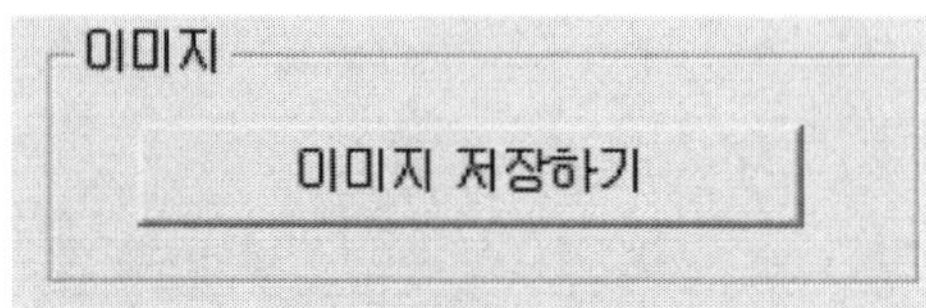

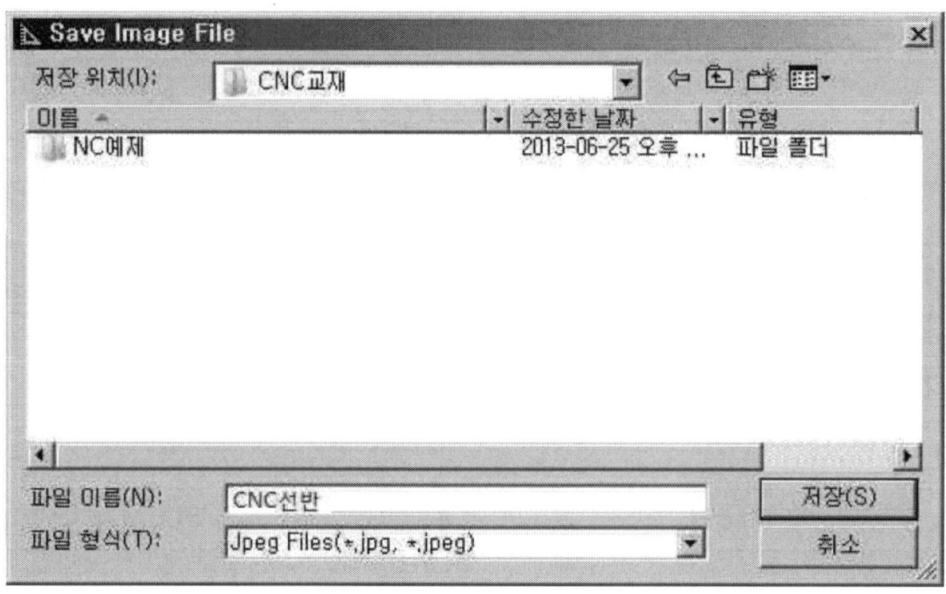

제5장 선반 프로그래밍 예제

1. 컴퓨터 응용 선반 기능사 예제

<table>
<tr><td>과정명</td><td colspan="3">컴퓨터응용선반기능사 과정</td></tr>
<tr><td>평가유형</td><td>포트폴리오</td><td>성취수준</td><td>5, 4, 3, 2, 1</td></tr>
<tr><td>평가일</td><td></td><td>평가자</td><td></td></tr>
<tr><td>능력단위</td><td>CNC선반 가공 프로그래밍(Machine)</td><td>능력단위요소</td><td>CNC선반 가공 프로그램 작성하기</td></tr>
<tr><td>문 항</td><td colspan="3">1. 주어진 조건을 참조하여 NC프로그래밍을 하시오
• 작업 조건   • 프로그래밍시간 : 1시간
<table>
<tr><th>NO
(공구번호)</th><th>작업
내용</th><th>절삭속도
(mm/rev)</th><th>회전수
(rpm)</th></tr>
<tr><td>1</td><td>황삭</td><td>0.15</td><td>250</td></tr>
<tr><td>3</td><td>정삭</td><td>0.15</td><td>200</td></tr>
<tr><td>5</td><td>홈</td><td>0.08</td><td>500</td></tr>
<tr><td>7</td><td>나사</td><td>1.5</td><td>500</td></tr>
</table></td></tr>
<tr><td>과제물</td><td colspan="3">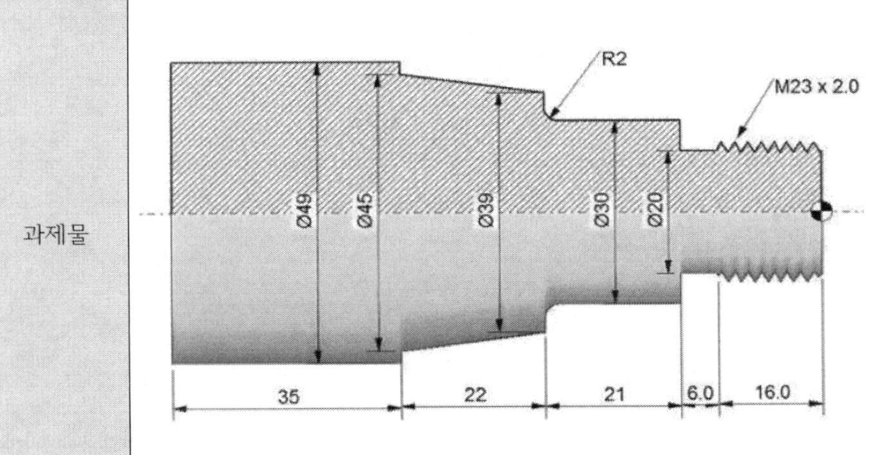
</td></tr>
<tr><td>평가
중점사항</td><td colspan="3">- 활용 명령의 적합성   - KS 및 ISO 관련규격 준수여부
- NC 프로그램 작성 능력   - 프로그래밍 시간의 준수여부</td></tr>
</table>

<table>
<tr><th>NC 코드</th><th>컴퓨터 응용 선반 기능사 예제</th></tr>
<tr><td>%
O0001
G28 U0.0 W0.0
G50 S1800 T0100
G96 S180 M03
G00 X65.0 Z5.0 T0101
G71 U1.5 R0.5
G71 P10 Q30 U0.4 W0.2 F0.15
N10 G00 Z-68.0
G01 X59.0
G02 X53.0 Z-65.0 R3.0
G01 X45.0
X39.0 Z-43.0
X34.0
G03 X30.0 Z-41.0 R2.0
G01 Z-22.0
X24.0
Z-2.0
N30 X20.0 Z0.0
G00 X150.0 Z150.0
T0100
G96 S200 M03 T0303
G00 X65.0 Z5.0
G70 P10 Q30 F0.1
G00 X150.0 Z150.0
T0300
G96 S400 M03 T0505
G00 X31.0 Z-22.0
G01 X20.0 F0.07
G04 P1500</td><td>G00 X31.0
Z-20.0
G01 X20.0 F0.7
G04 P1500
G00 X31.0
G00 X150.0 Z150.0
T0500
G96 S500 M03 T0707
G00 X34.0 Z2.0
G76 P011060 Q50 R20
G76 X19.34 Z-19.0 P970 Q350 F2.0
G00 X150.0 Z150.0
T0700
M05
M30
%</td></tr>
</table>

2. 컴퓨터 응용 선반 기능사 예제

<table>
<tr><td>과정명</td><td colspan="3">컴퓨터응용선반기능사 과정</td></tr>
<tr><td>평가유형</td><td>포트폴리오</td><td>성취수준</td><td>5, 4, 3, 2, 1</td></tr>
<tr><td>평가일</td><td></td><td>평가자</td><td></td></tr>
<tr><td>능력단위</td><td>CNC선반 가공 프로그래밍(Machine)</td><td>능력단위요소</td><td>CNC선반 가공 프로그램 작성하기</td></tr>
<tr><td>문 항</td><td colspan="3">1. 주어진 조건을 참조하여 NC프로그래밍을 하시오
·작업 조건 ·프로그래밍시간 : 1시간
<table>
<tr><td>NO
(공구번호)</td><td>작업
내용</td><td>절삭속도
(mm/rev)</td><td>회전수
(rpm)</td></tr>
<tr><td>1</td><td>황삭</td><td>0.15</td><td>250</td></tr>
<tr><td>3</td><td>정삭</td><td>0.15</td><td>200</td></tr>
<tr><td>5</td><td>홈</td><td>0.08</td><td>500</td></tr>
<tr><td>7</td><td>나사</td><td>1.5</td><td>500</td></tr>
</table></td></tr>
<tr><td>과제물</td><td colspan="3"></td></tr>
<tr><td>평가
중점사항</td><td colspan="3">- 활용 명령의 적합성 - KS 및 ISO 관련규격 준수여부
- NC 프로그램 작성 능력 - 프로그래밍 시간의 준수여부</td></tr>
</table>

NC 코드	컴퓨터 응용 선반 기능사 예제
% O0002 G28 U0.0 W0.0 G50 S1800 T0100 G96 S180 M03 G00 X55.0 Z5.0 T0101 G71 U2.0 R0.5 G71 P10 Q30 U0.4 W0.2 F0.2 N10 G00 X26.0 G01 Z-26.0 X32.0 Z-34.0 Z-47.0 X34.0 X38.0 Z-49.0 Z-52.0 X42.0 Z-62.0 X45.0 G03 X49.0 Z-64.0 R2.0 N30 G01 Z-70.0 G00 X150.0 Z150.0 T0100 G96 S200 M03 T0303 G00 X55.0 Z5.0 G70 P10 Q30 F0.1 G00 X150.0 Z150.0 T0300 G96 S400 M03 T0505 G00 X35.0 Z-47.0	G01 X29.0 F0.07 G04 P1500 G00 X35.0 Z-46.0 G01 X29.0 F0.7 G04 P1500 G00 X35.0 G00 X35.0 Z-26.0 G01 X21.0 F0.07 G04 P1500 G00 X35.0 Z-25.0 G01 X21.0 F0.7 G04 P1500 G00 X35.0 G00 X150.0 Z150.0 T0500 G96 S500 M03 T0707 G00 X30.0 Z2.0 G76 P011060 Q50 R20 G76 X23.99 Z-22.0 P890 Q350 F1.5 G00 X150.0 Z150.0 T0700 M05 M30 %

3. 컴퓨터 응용 선반 기능사 예제

과정명	컴퓨터응용선반기능사 과정		
평가유형	포트폴리오	성취수준	5, 4, 3, 2, 1
평가일		평가자	
능력단위	CNC선반 가공 프로그래밍(Machine)	능력단위요소	CNC선반 가공 프로그램 작성하기

문 항

1. 주어진 조건을 참조하여 NC프로그래밍을 하시오

·작업 조건　　·프로그래밍시간 : 1시간

NO (공구번호)	작업 내용	절삭속도 (mm/rev)	회전수 (rpm)
1	황삭	0.15	250
3	정삭	0.15	200
5	홈	0.08	500
7	나사	1.5	500

과제물

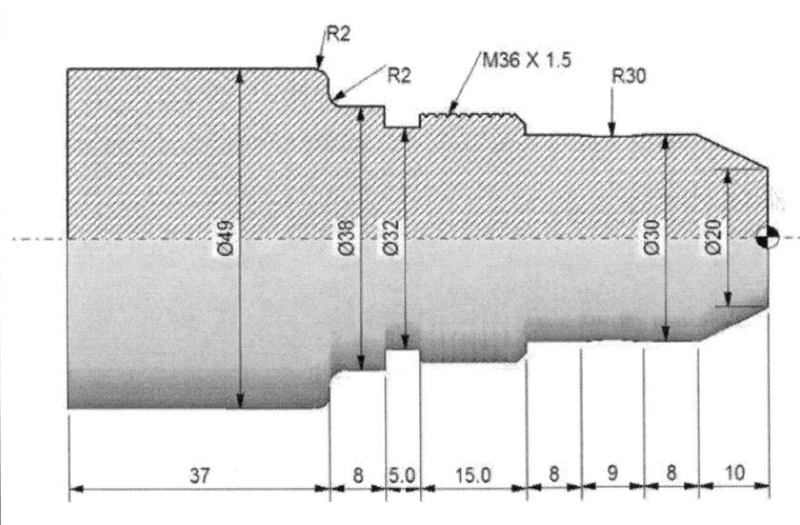

평가 중점사항

- 활용 명령의 적합성
- KS 및 ISO 관련규격 준수여부
- NC 프로그램 작성 능력
- 프로그래밍 시간의 준수여부

NC 코드	컴퓨터 응용 선반 기능사 예제
% O0003 G28 U0.0 W0.0 G50 S1800 T0100 G96 S180 M03 G00 X55.0 Z5.0 T0101 G71 U1.5 R0.5 G71 P10 Q30 U0.4 W0.2 F0.2 N10 G00 X20.0 G01 Z0.0 X30.0 Z-10.0 Z-18.0 G02 Z-27.0 R30.0 G01 Z-35.0 X33.0 X36.0 Z-36.5 Z-55.0 X38.0 Z-61.0 G02 X42.0 Z-63.0 R2.0 G01 X45.0 G03 X49.0 Z-65.0 R2.0 N30 G01 Z-70.0 G00 X150.0 Z150.0 T0100 G96 S200 M03 T0303 G00 X55.0 Z5.0 G70 P10 Q30 F0.1	G00 X150.0 Z150.0 T0300 G96 S400 M03 T0505 G00 X150.0 Z150.0 T0300 G96 S400 M03 T0505 G00 X39.0 Z-55.0 G01 X32.0 F0.07 G04 P1500 G00 X39.0 Z-54.0 G01 X32.0 F0.7 G04 P1500 G00 X39.0 G00 X150.0 Z150.0 T0500 G96 S500 M03 T0707 G00 X40.0 Z-33.0 G76 P011060 Q50 R20 G76 X34.99 Z-52.0 P890 Q350 F1.5 G00 X150.0 Z150.0 T0700 M05 M30 %

4. 컴퓨터 응용 선반 기능사 예제

<table>
<tr><td>과정명</td><td colspan="3">컴퓨터응용선반기능사 과정</td></tr>
<tr><td>평가유형</td><td>포트폴리오</td><td>성취수준</td><td>5, 4, 3, 2, 1</td></tr>
<tr><td>평가일</td><td></td><td>평가자</td><td></td></tr>
<tr><td>능력단위</td><td>CNC선반 가공
프로그래밍(Machine)</td><td>능력단위요소</td><td>CNC선반 가공 프로그램
작성하기</td></tr>
<tr><td>문 항</td><td colspan="3">1. 주어진 조건을 참조하여 NC프로그래밍을 하시오
·작업 조건 ·프로그래밍시간 : 1시간
<table>
<tr><th>NO
(공구번호)</th><th>작업
내용</th><th>절삭속도
(mm/rev)</th><th>회전수
(rpm)</th></tr>
<tr><td>1</td><td>황삭</td><td>0.15</td><td>250</td></tr>
<tr><td>3</td><td>정삭</td><td>0.15</td><td>200</td></tr>
<tr><td>5</td><td>홈</td><td>0.08</td><td>500</td></tr>
<tr><td>7</td><td>나사</td><td>1.5</td><td>500</td></tr>
</table></td></tr>
<tr><td>과제물</td><td colspan="3">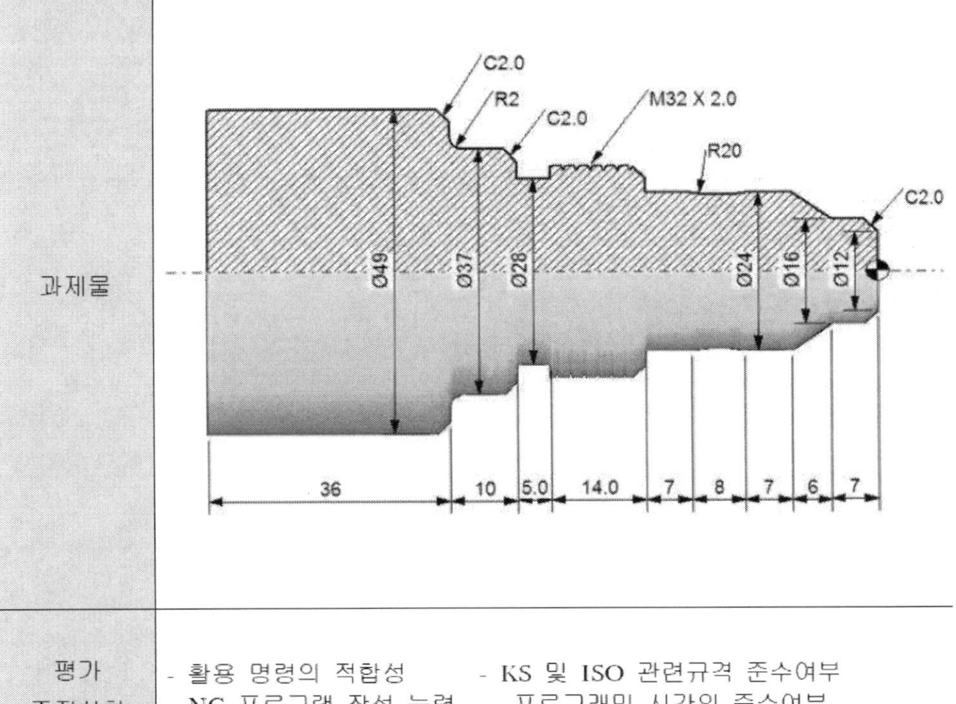
</td></tr>
<tr><td>평가
중점사항</td><td colspan="3">- 활용 명령의 적합성 - KS 및 ISO 관련규격 준수여부
- NC 프로그램 작성 능력 - 프로그래밍 시간의 준수여부</td></tr>
</table>

<table>
<tr><th>NC 코드</th><th>컴퓨터 응용 선반 기능사 예제</th></tr>
<tr><td>%
O0004
G28 U0.0 W0.0
G50 S1800 T0100
G96 S180 M03
G00 X55.0 Z5.0 T0101
G71 U1.5 R0.5
G71 P10 Q30 U0.4 W0.2 F0.2
N10 G00 X12.0
G01 Z0.0
X16.0 Z-2.0
Z-7.0
X24.0 Z-13.0
Z-20.0
G02 Z-28.0 R20.0
G01 Z-35.0
X28.0
X32.0 Z-37.0
Z-54.0
X33.0
X37.0 Z-56.0
Z-62.0
G02 X41.0 Z-64.0 R2.0
G01 X45.0
N30 X49.0 Z-66.0
G00 X150.0 Z150.0
T0100
G96 S200 M03 T0303</td><td>G00 X55.0 Z5.0
G70 P10 Q30 F0.1
G00 X150.0 Z150.0
T0300
G96 S400 M03 T0505
G00 X38.0 Z-54.0
G01 X28.0 F0.07
G04 P1500
G00 X38.0
Z-53.0
G01 X28.0 F0.7
G04 P1500
G00 X38.0
G00 X150.0 Z150.0
T0500
G96 S500 M03 T0707
G00 X34.0 Z-33.0
G76 P011060 Q50 R20
G76 X30.663 Z-51.0 P1190 Q350 F2.0
G00 X150.0 Z150.0
T0700
M05
M30
%</td></tr>
</table>

5. 컴퓨터 응용 선반 기능사 예제

과정명	컴퓨터응용선반기능사 과정		
평가유형	포트폴리오	성취수준	5, 4, 3, 2, 1
평가일		평가자	
능력단위	CNC선반 가공 프로그래밍(Machine)	능력단위요소	CNC선반 가공 프로그램 작성하기

문 항

1. 주어진 조건을 참조하여 NC프로그래밍을 하시오

·작업 조건　　·프로그래밍시간 : 1시간

NO (공구번호)	작업 내용	절삭속도 (mm/rev)	회전수 (rpm)
1	황삭	0.15	250
3	정삭	0.15	200
5	홈	0.08	500
7	나사	1.5	500

과제물

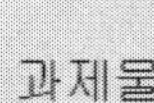

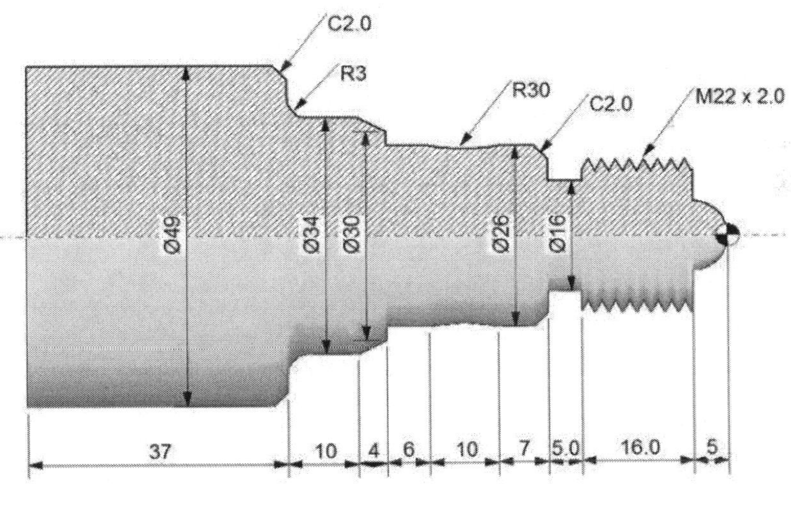

평가 중점사항

- 활용 명령의 적합성　　- KS 및 ISO 관련규격 준수여부
- NC 프로그램 작성 능력　　- 프로그래밍 시간의 준수여부

NC 코드	컴퓨터 응용 선반 기능사 예제
% O0005 G28 U0.0 W0.0 G50 S1800 T0100 G96 S180 M03 G00 X55.0 Z5.0 T0101 G71 U2.0 R0.5 G71 P10 Q30 U0.4 W0.2 F0.2 N10 G00 Z-65.0 G01 X49.0 X45.0 Z-63.0 X40.0 G03 X34.0 Z-60.0 R3.0 G01 Z-53.0 X30.0 Z-49.0 X26.0 Z-43.0 G03 Z-33.0 R30.0 G01 Z-28.0 X22.0 Z-26.0 Z-5.0 X10.0 N30 G02 X0.0 Z0.0 R5.0 G00 X150.0 Z150.0 T0100 G96 S200 M03 T0303 G00 X55.0 Z5.0 G70 P10 Q30 F0.1	G00 X150.0 Z150.0 T0300 G96 S400 M03 T0505 G00 X28.0 Z-26.0 G01 X16.0 F0.07 G04 P1500 G00 X28.0 Z-25.0 G01 X16.0 F0.7 G04 P1500 G00 X28.0 G00 X150.0 Z150.0 T0500 G96 S500 M03 T0707 G00 X24.0 Z-3.0 G76 P011060 Q50 R20 G76 X18.663 Z-23.0 P1190 Q350 F2.0 G00 X150.0 Z150.0 T0700 M05 M30 %

6. 컴퓨터 응용 선반 기능사 예제

<table>
<tr><td>과정명</td><td colspan="3">컴퓨터응용선반기능사 과정</td></tr>
<tr><td>평가유형</td><td>포트폴리오</td><td>성취수준</td><td>5, 4, 3, 2, 1</td></tr>
<tr><td>평가일</td><td></td><td>평가자</td><td></td></tr>
<tr><td>능력단위</td><td>CNC선반 가공 프로그래밍(Machine)</td><td>능력단위요소</td><td>CNC선반 가공 프로그램 작성하기</td></tr>
<tr><td>문 항</td><td colspan="3">1. 주어진 조건을 참조하여 NC프로그래밍을 하시오
·작업 조건 ·프로그래밍시간 : 1시간
<table><tr><td>NO
(공구번호)</td><td>작업
내용</td><td>절삭속도
(mm/rev)</td><td>회전수
(rpm)</td></tr><tr><td>1</td><td>황삭</td><td>0.15</td><td>250</td></tr><tr><td>3</td><td>정삭</td><td>0.15</td><td>200</td></tr><tr><td>5</td><td>홈</td><td>0.08</td><td>500</td></tr><tr><td>7</td><td>나사</td><td>1.5</td><td>500</td></tr></table></td></tr>
<tr><td>과제물</td><td colspan="3"></td></tr>
<tr><td>평가
중점사항</td><td colspan="3">- 활용 명령의 적합성 - KS 및 ISO 관련규격 준수여부
- NC 프로그램 작성 능력 - 프로그래밍 시간의 준수여부</td></tr>
</table>

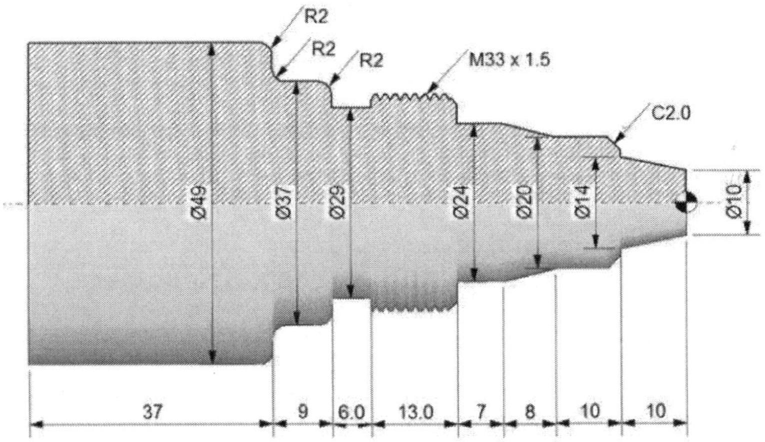

<table>
<tr><th>NC 코드</th><th>컴퓨터 응용 선반 기능사 예제</th></tr>
<tr><td>%
O0006
G28 U0.0 W0.0
G50 S1800 T0100
G96 S180 M03
G00 X53.0 Z5.0 T0101
G71 U2.0 R0.5
G71 P10 Q20 U0.4 W0.2 F0.2
N10 X-2.0
G01 Z0.0
X10.0
X14.0 Z-10.0
X16.0
X20.0 Z-12.0
Z-20.0
X24.0 Z-28.0
Z-35.0
X30.0
X33.0 Z-36.5
Z-54.0
G03 X37.0 Z-56.0 R2.0
G01 Z-61.0
G02 X41.0 Z-63.0 R2.0
G01 X45.0
G03 X49.0 Z-65.0 R2.0
N20 G01 X53.0
G00 X150.0 Z150.0
T0100</td><td>G96 S200 M03 T0303
G00 X53.0 Z5.0
G70 P10 Q20 F0.1
G00 X150.0 Z150.0
T0300
G97 S500 M03 T0505
G00 X40.0 Z-54.0
G01 X29.0 F0.08
G04 P1500
G01 X40.0
Z-52.0
X29.0
G04 P1500
G01 X40.0
G00 X150.0 Z150.0
T0500
G97 S500 M03 T0707
G00 X35.0 Z-31.0
G76 P011060 Q50 R20
G76 X31.22 Z-51.0 P890 Q350 F1.5
G00 X150.0 Z150.0
T0700
M05
M30
%</td></tr>
</table>

7. 컴퓨터 응용 선반 기능사 예제

과정명	컴퓨터응용선반기능사 과정		
평가유형	포트폴리오	성취수준	5, 4, 3, 2, 1
평가일		평가자	
능력단위	CNC선반 가공 프로그래밍(Machine)	능력단위요소	CNC선반 가공 프로그램 작성하기

문 항

1. 주어진 조건을 참조하여 NC프로그래밍을 하시오

·작업 조건　　·프로그래밍시간 : 1시간

NO (공구번호)	작업 내용	절삭속도 (mm/rev)	회전수 (rpm)
1	황삭	0.15	250
3	정삭	0.15	200
5	홈	0.08	500
7	나사	1.5	500

과제물

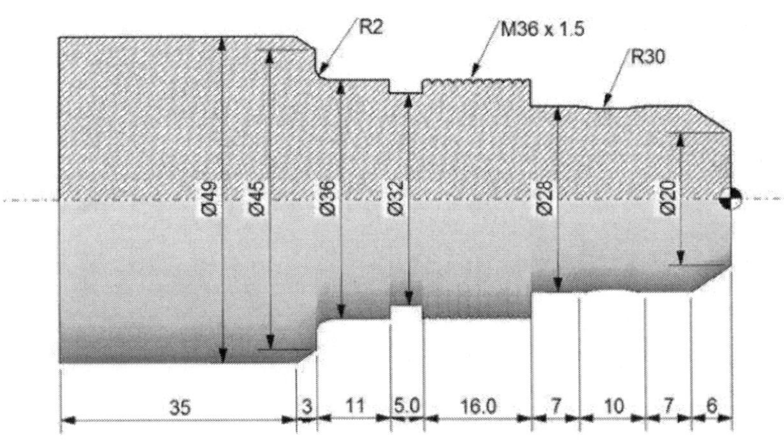

평가 중점사항

- 활용 명령의 적합성　　- KS 및 ISO 관련규격 준수여부
- NC 프로그램 작성 능력　　- 프로그래밍 시간의 준수여부

NC 코드	컴퓨터 응용 선반 기능사 예제
% O0007 G28 U0.0 W0.0 G50 S1800 T0100 G96 S180 M03 G00 X55.0 Z5.0 T0101 G71 U2.0 R0.5 G71 P10 Q30 U0.4 W0.2 F0.2 N10 G00 Z-65.0 G01 X49.0 X45.0 Z-62.0 X40.0 G03 X36.0 Z-60.0 R2.0 G01 Z-30.0 X28.0 Z-23.0 G03 Z-13.0 R30.0 G01 Z-6.0 N30 X20.0 Z0.0 G00 X150.0 Z150.0 T0100 G96 S200 M03 T0303 G00 X55.0 Z5.0 G70 P10 Q30 F0.1 G00 X150.0 Z150.0 T0300 G96 S400 M03 T0505 G00 X38.0 Z-51.0	G01 X32.0 F0.07 G04 P1500 G00 X38.0 Z-50.0 G01 X32.0 F0.7 G04 P1500 G00 X38.0 G00 X150.0 Z150.0 T0500 G96 S500 M03 T0707 G00 X40.0 Z-28.0 G76 P011060 Q50 R20 G76 X34.994 Z-48.0 P890 Q350 F1.5 G00 X150.0 Z150.0 T0700 M05 M30 %

8. 컴퓨터 응용 선반 기능사 예제

과정명	컴퓨터응용선반기능사 과정		
평가유형	포트폴리오	성취수준	5, 4, 3, 2, 1
평가일		평가자	
능력단위	CNC선반 가공 프로그래밍(Machine)	능력단위요소	CNC선반 가공 프로그램 작성하기

문 항

1. 주어진 조건을 참조하여 NC프로그래밍을 하시오

·작업 조건　　·프로그래밍시간 : 1시간

NO (공구번호)	작업 내용	절삭속도 (mm/rev)	회전수 (rpm)
1	황삭	0.15	250
3	정삭	0.15	200
5	홈	0.08	500
7	나사	1.5	500

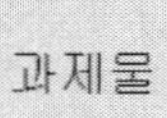
과제물

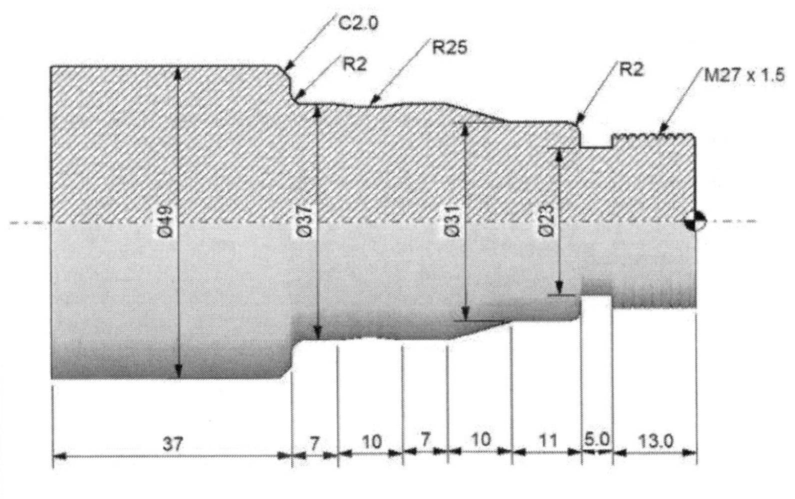

평가 중점사항

- 활용 명령의 적합성
- NC 프로그램 작성 능력
- KS 및 ISO 관련규격 준수여부
- 프로그래밍 시간의 준수여부

NC 코드	컴퓨터 응용 선반 기능사 예제
% O0008 G28 U0.0 W0.0 G50 S1800 T0100 G96 S180 M03 G00 X55.0 Z5.0 T0101 G71 U2.0 R0.5 G71 P10 Q30 U0.4 W0.2 F0.2 N10 G00 Z-65.0 G01 X49.0 X45.0 Z-63.0 X41.0 G03 X37.0 Z-61.0 R2.0 G01 Z-56.0 G03 Z-46.0 R25.0 G01 Z-39.0 X31.0 Z-29.0 Z-20.0 G02 X27.0 Z-18.0 R2.0 N30 G01 Z0.0 G00 X150.0 Z150.0 T0100 G96 S200 M03 T0303 G00 X55.0 Z5.0 G70 P10 Q30 F0.1 G00 X150.0 Z150.0 T0300 G96 S400 M03 T0505	G00 X33.0 Z-18.0 G01 X23.0 F0.07 G96 S400 M03 T0505 G00 X33.0 Z-18.0 G01 X23.0 F0.07 G04 P1500 G00 X33.0 Z-17.0 G01 X23.0 F0.7 G04 P1500 G00 X33.0 G00 X150.0 Z150.0 T0500 G96 S500 M03 T0707 G00 X30.0 Z2.0 G76 P011060 Q50 R20 G76 X25.994 Z-15.0 P890 Q350 F1.5 G00 X150.0 Z150.0 T0700 M05 M30 %

9. 컴퓨터 응용 선반 기능사 예제

<table>
<tr><td>과정명</td><td colspan="3">컴퓨터응용선반기능사 과정</td></tr>
<tr><td>평가유형</td><td>포트폴리오</td><td>성취수준</td><td>5, 4, 3, 2, 1</td></tr>
<tr><td>평가일</td><td></td><td>평가자</td><td></td></tr>
<tr><td>능력단위</td><td>CNC선반 가공
프로그래밍(Machine)</td><td>능력단위요소</td><td>CNC선반 가공 프로그램
작성하기</td></tr>
<tr><td>문 항</td><td colspan="3">1. 주어진 조건을 참조하여 NC프로그래밍을 하시오
·작업 조건　　·프로그래밍시간 : 1시간

<table>
<tr><th>NO
(공구번호)</th><th>작업
내용</th><th>절삭속도
(mm/rev)</th><th>회전수
(rpm)</th></tr>
<tr><td>1</td><td>황삭</td><td>0.15</td><td>250</td></tr>
<tr><td>3</td><td>정삭</td><td>0.15</td><td>200</td></tr>
<tr><td>5</td><td>홈</td><td>0.08</td><td>500</td></tr>
<tr><td>7</td><td>나사</td><td>1.5</td><td>500</td></tr>
</table></td></tr>
<tr><td>과제물 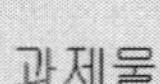</td><td colspan="3">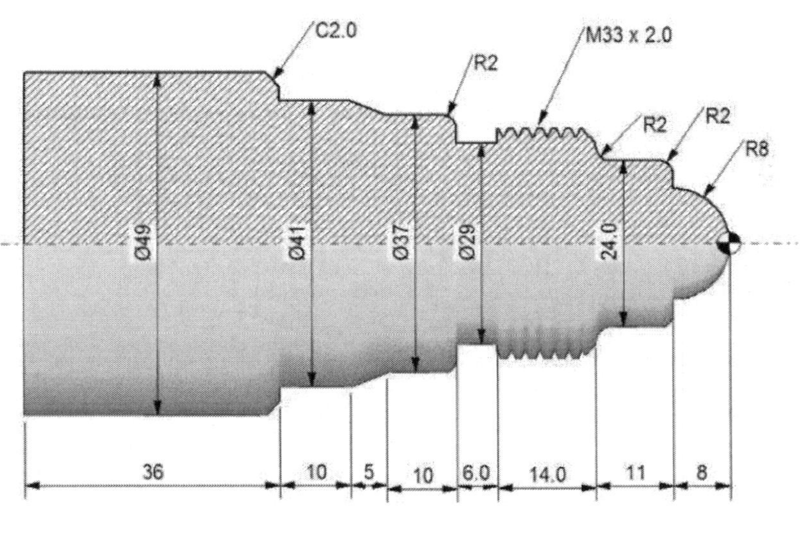
</td></tr>
<tr><td>평가
중점사항</td><td colspan="3">- 활용 명령의 적합성　　- KS 및 ISO 관련규격 준수여부
- NC 프로그램 작성 능력　　- 프로그래밍 시간의 준수여부</td></tr>
</table>

NC 코드	컴퓨터 응용 선반 기능사 예제
% O0009 G28 U0 W0 G50 S1800 T0100 G96 S180 M03 G00 X53.0 Z5.0 T0101 G71 U2.0 R0.5 G71 P10 Q20 U0.4 W0.2 F0.2 N10 X-2.0 G01 Z0 X0 G03 X16.0 Z-8.0 R8.0 G01 X20.0 G03 X24.0 Z-10.0 R2.0 G01 Z-17.0 G02 X28.0 Z-19.0 R2.0 G01 X29.0 X33.0 Z-21.0 Z-39.0 G03 X37.0 Z-41.0 R2.0 G01 Z-49.0 X41.0 Z-54.0 Z-64.0 X45.0 X49.0 Z-66.0 N20 X53.0 G00 X150.0 Z150.0 T0100	G96 S200 M03 T0303 G00 X53.0 Z5.0 G70 P10 Q20 F0.1 G00 X150.0 Z150.0 T0300 G97 S500 M03 T0505 G00 X40.0 Z-39.0 G01 X29.0 F0.08 G04 P1500 G01 X40.0 Z-37.0 X29.0 G04 P1500 G01 X40.0 G00 X150.0 Z150.0 T0500 G97 S500 M03 T0707 G00 X35.0 Z-15.0 G76 P011060 Q50 R20 G76 X30.62 Z-36.0 P1190 Q350 F2.0 G00 X150.0 Z150.0 T0700 M05 M30 %

10. 컴퓨터 응용 선반 기능사 예제

과정명	컴퓨터응용선반기능사 과정		
평가유형	포트폴리오	성취수준	5, 4, 3, 2, 1
평가일		평가자	
능력단위	CNC선반 가공 프로그래밍(Machine)	능력단위요소	CNC선반 가공 프로그램 작성하기

문 항

1. 주어진 조건을 참조하여 NC프로그래밍을 하시오

·작업 조건　　·프로그래밍시간 : 1시간

NO (공구번호)	작업 내용	절삭속도 (mm/rev)	회전수 (rpm)
1	황삭	0.15	250
3	정삭	0.15	200
5	홈	0.08	500
7	나사	1.5	500

과제물

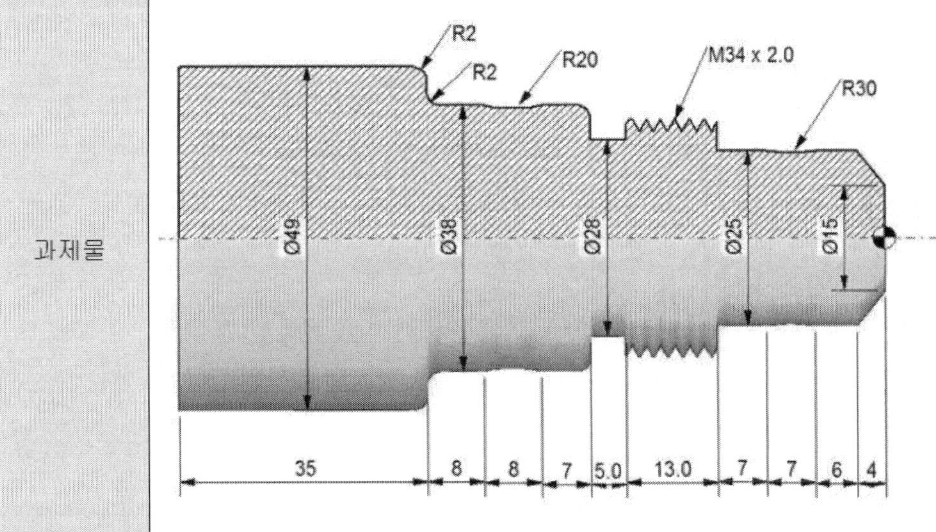

평가 중점사항

- 활용 명령의 적합성
- KS 및 ISO 관련규격 준수여부
- NC 프로그램 작성 능력
- 프로그래밍 시간의 준수여부

<table>
<tr><th>NC 코드</th><th>컴퓨터 응용 선반 기능사 예제</th></tr>
<tr><td>%
O0010
G28 U0.0 W0.0
G50 S1800 T0100
G96 S180 M03
G00 X55.0 Z5.0 T0101
G71 U2.0 R0.5
G71 P10 Q30 U0.4 W0.2 F0.2
N10 G00 Z-67.0
G01 X49.0
G02 X45.0 Z-65.0 R2.0
G01 X42.0
G03 X38.0 Z-63.0 R2.0
G01 Z-57.0
G03 Z-49.0 R20.0
G01 Z-44.0
G02 X34.0 Z-42.0 R2.0
G01 Z-24.0
X25.0
Z-17.0
G03 Z-10.0 R30.0
G01 Z-4.0
N30 X15.0 Z0.0
G00 X150.0 Z150.0
T0100
G96 S200 M03 T0303
G00 X55.0 Z5.0
G70 P10 Q30 F0.1
G00 X150.0 Z150.0</td><td>T0300
G96 S400 M03 T0505
G00 X40.0 Z-42.0
G01 X28.0 F0.07
G04 P1500
G00 X40.0
Z-41.0
G01 X28.0 F0.7
G04 P1500
G00 X40.0
G00 X150.0 Z150.0
T0500
G96 S500 M03 T0707
G00 X34.0 Z-22.0
G76 P011060 Q50 R20
G76 X30.663 Z-39.0 P1190 Q350 F2.0
G00 X150.0 Z150.0
T0700
M05
M30
%</td></tr>
</table>

11. 컴퓨터 응용 선반 기능사 예제

과정명	컴퓨터응용선반기능사 과정		
평가유형	포트폴리오	성취수준	5, 4, 3, 2, 1
평가일		평가자	
능력단위	CNC선반 가공 프로그래밍(Machine)	능력단위요소	CNC선반 가공 프로그램 작성하기

문 항

1. 주어진 조건을 참조하여 NC프로그래밍을 하시오

·작업 조건 ·프로그래밍시간 : 1시간

NO (공구번호)	작업 내용	절삭속도 (mm/rev)	회전수 (rpm)
2	드릴	0.15	320
4	내경 황삭	0.15	80
6	내경 정삭	0.15	100
8	내경 홈	0.05	450
10	내경 나사	1.5	500

과제물

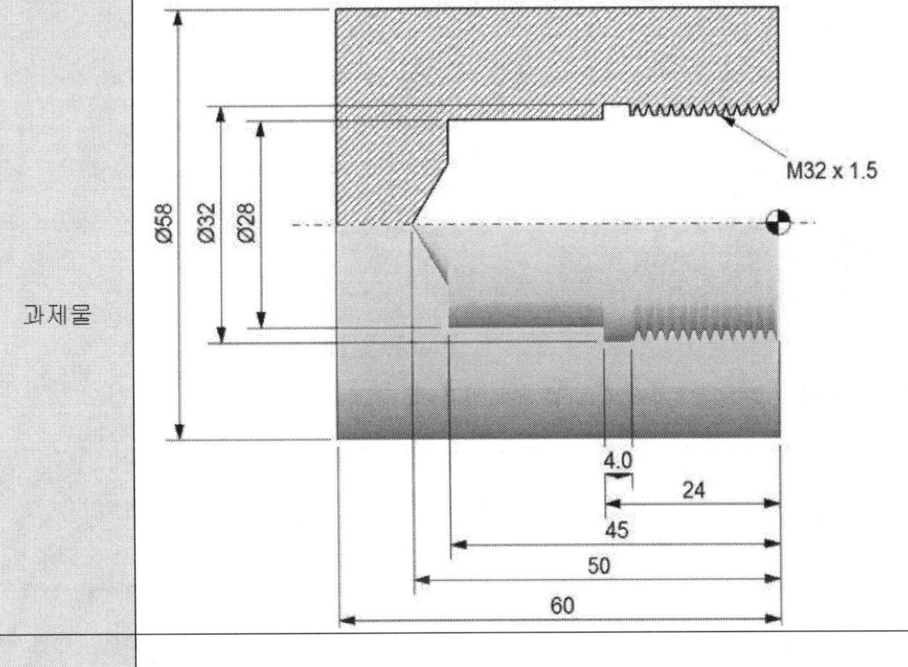

평가 중점사항

- 활용 명령의 적합성
- KS 및 ISO 관련규격 준수여부
- NC 프로그램 작성 능력
- 프로그래밍 시간의 준수여부

NC 코드	컴퓨터 응용 선반 기능사 예제
% O0011 G28 U0.0 W0.0 G50 T0200 G97 S320 M03 G00 X0.0 Z2.0 T0202 M08 G74 R0.5 G74 Z-50.0 Q2000 F0.15 G00 Z5.0 G00 X150.0 Z150.0 T0200 M01 G50 S1200 T0400 G96 S80 M03 G00 X24.0 Z2.0 T0404 G71 U1.0 R0.5 G71 P50 Q60 U-0.4 W0.2 F0.15 N50 G00 G41 X32.220 G01 Z0.0 F0.1 X29.0 W-1.0 Z-24.0 X28.0 Z-45.0 N60 U-1.0 G00 Z2.0 G00 G40 X150.0 Z150.0 T0400 M01 G50 S1500 T0600	G96 S100 M03 G00 X24.0 Z2.0 T0606 G70 P50 Q60 G00 Z2.0 G00 G40 X150.0 Z150.0 T0600 M01 G50 S1200 T0800 G96 S30 M03 G00 X26.0 Z2.0 T0808 Z-24.0 G01 X32.0 F0.05 G04 U1.5 G00 X26.0 Z2.0 X150.0 Z200.0 T0800 M01 T1000 G97 S500 M03 G00 X27.0 Z2.0 T1010 G76 P011060 Q50 R20 G76 X32.0 Z-21.0 P970 Q350 F1.5 G00 Z2.0 G00 X200.0 Z250.0 M09 T1000 M05 M30 %

제6장 기계 정비 및 보수

1. 기계의 일상 점검

가. 매일 점검

(1) 외관 점검

- 장비의 외관 점검
- 베드면에 습동유가 나오는지 손으로 확인

(2) 유량점검

- 습동면 및 볼 스크루 급유 탱크 유량 확인
- Air Lubricator Oil 확인(Air에 Oil을 혼합하여 실린더를 보호하는 장치)
- 절삭유의 유량은 충분한가?
- 유압 탱크의 유량은 충분한가?

(3) 압력 점검

- 각 부의 압력이 영판에 지시된 압력을 가르키는가?

(4) 각부의 작동검사

- 각 축은 원활하게 급속이승 되는가?
- 공구대 장치는 원활하게 작동되는가?
- 주축의 회전은 정상적인가?

나. 매월 점검

(1) 각부의 Filter 점검

- NC장치 Filter 점검(교환 및 먼지를 제거)
- 전기제어반 Filter 점검(교환 및 먼지 저|거)

(2) 각부의 Fan 모터 점검

- 각 부의 Fan 모터 회전 점검
- Fan 모터부의 먼지 및 이물질 제거

(3) 기리 A유 주입

- 지정된 기어 및 작동부에 그리스를 주입한다.

(4) 백래시 보정

- 각축 백래시 점검 및 보정

다. 매년 점검

(1) 레벨(수평) 점검

- 기계 본체 레벨 점검 및 조정

(2) 기계 정도 검사

- 기계 제작회사에서 작성된 각부 기능 검사 리스트 확인

(3) 절연 상태 점검

- 각부 전선의 절연 상태를 점검 및 보수

라. 장해 발생 상황의 조사

(1) 고장의 상황과 조사

① 장해의 종류

- 모드는?
- 화면상의 표시는?
- 위치 결정 오차가 어느 축에서 얼마 만큼인가?
- 공구 통로 오차와 양은?
- 속도는 정상인가?
- 보조 기능인가?
- Alarm 번호는?

② 장해의 빈도

- 장해는 언제 일어나는가? 빈도는?
- 같은 가공물에서의 빈도는?
- 어떤 프로그램인가? 시퀀스 번호는?
- 특정의 모드인가?
- 공구보정과 관계있는가?
- '이송 속도와 관계있는가?

(2) 기계 주변의 상황 조사

① 입력 전압의 확인

- 전압의 변동 또는 강하
- 전 후면의 문이 열렸는지 여부
- 공장 내에 대 전류를 사용하는 장치가 있는지 여부
- 공장 내에 용접기나 방전 가공기가 있는지 여부

② 주위의 상황

- 온도 변화나 급격한 온도 변화의 여부
- 필터의 청소 및 데이터 입출력 장치의 오염 여부
- 진동 및 직사광선의 여부

③ 외적 요인

- 최근에 기계의 수리 여부
- 기계 가까이에 노이즈(Noise)가 있는지 여부

④ 조작

- 조작 교육을 올바르게 받았고 기계를 올바르게 조작하고 있는가?
- 프로그램은 증분치 지령을 포함하는가 여부
- 공구 보정의 여부, 블록 무시 기능의 여부, Tape Coding의 여부

⑤ 프로그래밍

- 기계의 컨트롤러에 적합한 G코드인가 여부
- 프로그램은 새로 작성한 것인가?
- 어드레스의 순서는 정상인가 여부
- 특정 블록에서 이상이 있는가 여부
- 부 프로그램에서 이상이 있는가 여부

⑥ 운전

- 운전을 위한 설정과 조정이 올바른가 여부
- 퓨즈가 단락되지 않았는가 여부
- 비상 정지 스위치의 작동 여부
- 모드 스위치 확인, 얼람 상태의 여부, 이송 배율이 0인지 확인
- 머신 록(Machine Lock) 또는 프로그램 정지의 여부

⑦ 기계

- 기계의 정비 상태와 운전 중 진동 여부
- 공구 날 끝 상태와 공구 교환 백 래시(Backlash) 보정 여부
- 온도 변화에 의한 기계 부품의 왜곡 여부
- 공작물 측정의 오류, 측정의 일정 온도 여부
- 케이블의 정상 여부, 신호선과 전력선의 분리 여부

(3) **시스템의 시각에 의한 조사**

① 제어 장치, 외부의 검사

- Cabinet의 파손 여부
- 모니터의 정상 여부
- Filter의 청결 여부
- Data 입력 장치의 청결 여부
- Door를 연 상태에서 조작되는가 여부
- 칩의 배출 여부 확인

② 제어부 내부

- 제어부의 오염 여부
- 팬 모터의 정상 여부
- 부식성 가스에 의한 부식 여부

③ 전원유닛

- 바르게 접속 여부, 퓨즈 상태, Circuit Breaker 여부
- 전압의 허용범위, 접지 여부, 배선의 경로
- 단자의 고정 여부

④ 케이블

- Cable Connector의 견고성 여부

- 상처와 비틀림 여부
- 내부 및 외부 케이블 이상 여부

⑤ 프린트판과 키보드

- 부착 여부
- Plug Connector의 정상 여부
- 프린트 판 사이의 접속 여부, 푸시 버튼의 정상 여부

마. 경보의 원인과 해제 방법

(1) 일상 경보의 원인과 해제

번호	경보(alarm) 내용	원 인	해제방법
1	Emergency stop 스위치 ON	비상 정지 스위치 ON	비상 정지 스위치 해제
2	Lubrication Tank Level Law Alarm	습동유 부족	습동유 보충(규격품으로)
3	Thermal Overload Trip Alarm	과부하로 인한 Over Load Trip	원인 조치 후 마그네트와 연결된 Overload를 누름
4	P / S Alarm	프로그램 이상	일람표를 보고 원인을 찾음
5	OT Alarm	금지영역 침범	이송축을 안전한 위치로 이동
6	Emergency L / S ON	비상정지 리미트 스위치 작동	행정오버해제 스위치를 누른 상태에서 이송축을 안전한 위치로 이동
7	Spindle Alarm	주축 모터 과열 주축 모터 과부하 과전류	해제 버튼을 누름 전원을 차단하고 다시 투입 A / S 연락
8	Torque Limit Alarm	충돌로 인한 안전핀 파손	A / S 연락
9	Air Pressure Alarm	공기압 부족	공기압을 높임(5kg / cm²)
10	축 이동이 안 됨	머신록 스위치 ON 인터록 상태	머신록 스위치를 OFF A / S 문의

(2) Absolute Pulse Code(APC) 알람

번호	내 용	조 치
310	X축 통신 이상, 데이터 전송 이상	데이터 값 수정 전송
316	X축 APC 배터리 전압이 저하	배터리 교환
320	X, Z축의 수동기계원점 복귀 필요	수동기계원점 복귀 실시
321	Y축, Z축 통신 이상, 데이터 전송 이상	데이터 값 수정
327~328	Y축 APC 배터리 전압이 저하	배터리 교환
331	Z축 통신 이상, 데이터 전송 이상	데이터 값 수정
336	Z축 APC 배터리 전압이 저하	배터리 교환
341	4축 통신 이상, 데이터 전송 이상	데이터 값 수정
346	4축 APC 배터리 전압이 저하	배터리 교환

(3) 프로그램 알람

번호	내 용	조 치
000	한번 전원을 끊지 않으면 안 되는 파라미터 존재	전원을 끊었다 다시 켬
003	허용 행수를 넘는 수치 입력	최대 지령치 참조
004	블록의 최초에 어드레스가 없고 바로 숫자와 부호가 입력	어드레스 삽입
005	어드레스 뒤에 데이터가 없고 갑자기 다음 어드레스나 EOB 가 있음	데이터 삽입
006	부호 -입력 또는 -부호 2개 입력	부호 삭제
007	소수점 입력 잘못	소수점 삭제
010	사용할 수 없는 G코드 지령	G코드 삭제 또는 변경
011	절삭 이송에 이송 속도 없음	이송 속도 지령
014	나사절삭 리드 값 이상 또는 -값	리드 값 수정
028	평면 선택 지령에서 같은 방향 축을 2축 이상 지령	지령 초과 축 수정
029	T 코드의 오프셋 량이 너무 큼	오프셋 량 수정
030	T 기능에서 공구위치 오프셋 번호가 초과됨	오프셋 번호 수정
033	공구 날끝 보정의 교점 계산에서 교점이 구해지지 않음	교점의 보정량 수정
034	G02나G03에서 공구경 보정 취소	G01이나 G00으로 수정
035	공구 날끝 보정에서 G31이 실행	스킵 기능(G31) 취소
037	공구 날끝 보정 중 평면이 변환	변환 금지
038	공구 날끝 보정에서 원호 시점, 종점이 중심으로 절삭 과다 우려	오류 내용 수정
039	공구 날끝 보정, 챔퍼링, 코너 R의 절입 과다 우려	절입량 수정
040	G90, G94에서 날끝 R의 절입 과다	절입량 수정
041	날끝 R 보정에서 절입 과다 우려	절입량 수정
050	나사절삭에서 챔퍼링, 날끝 R지령	지령 취소
051	챔퍼링, 코너R에서 이동방향 오류	이동 방향 수정
052	챔퍼링, 코너R에서 다음 G01없음	G01 삽입
053	챔퍼링, 코너R에서 I,K,R중 2가지 이상 지령, 콤마 후에 C,R이 아님	지령값 수정
054	챔퍼링, 코너R에서 테이퍼 지령	테이퍼 지령 취소
055	챔퍼링, 코너R에서 이동량이 부족	이동량 수정
056	각도(A)지령 오류, 챔퍼 기능에서 X축(Z축)에 I(K)지령	지령값 수정

번호	내 용	조 치
057	블록의 종점 치수 오류	치수 수정
058	블록의 종점이 없음	종점 지령
059	선택된 프로그램이 없음	프로그램 입력
060	지령된 시퀀스 번호가 없음	시퀀스 번호 지령
061	G70~G73에서 P, Q가 없음	P, Q 지령
062	복합 반복 사이클(G71~G76)에서 절삭량이나 지령값 오류	오류 내용을 수정
063	G70~G73에서 시퀀스 번호 없음	시퀀스 번호 지령
065~069	G70~G73에서 지령 값의 오류	지령 값 수정
070	메모리의 기억 용량 부족	프로그램의 삭제
071	찾으려는 어드레스가 없음	어드레스 재확인
072	등록한 프로그램의 수를 초과	프로그램 삭제
073	이미 등록된 프로그램이 있음	프로그램 번호 변경
074	프로그램 번호가 1~9999 초과	1~9999사이로 수정
076	M98, G66에서 P가 없음	P를 지령
077	부 프로그램을 3중으로 호출	호출 지령 수정
078	M98, M99, G65에서 P다음의 프로그램번호나 시퀀스 번호가 없음	번호 삽입
081	T코드가 지령되지 않고 자동 공구보정이 지령되어 있음	T코드 지령
082	T코드, 자동공구보정이 함께 지령	구분하여 지령
083	자동공구보정에서 축 지정이 다름	축 지정을 수정
085~087	통신에서 설정값의 오류	설정값의 수정
090	원점복귀 개시점이 너무 가까이에 있거나 속도가 너무 늦음	-로 충분히 이송 후 원점복귀 실행
092	원점 복귀 체크(G27)에서 오류	지령 축을 다시 확인
094	프로그램 중단 후 좌표계가 변함	좌표계 변환 금지
096	전원 투입 후, 비상 정지 후 Work Offset 량이 변함	Work Offset 량의 변경 금지
099	프로그램 재개에서 찾기 종료 후 MDI에서 이동 지령을 하고 있음	MDI에서 이동 지령 금지

번호	내 용	조 치
100	세팅 데이터 PWE가 1로 되어 있음	CAN, RESET를 동시 누름
101	메모리의 변경 중에 전원이 OFF	DELETE + 전원 재투입
110	소수점 표시 데이터의 허용 초과	허용값 확인
114	G65블록에서 미지정 H코드 지령	H코드값 수정
115~119	매크로 프로그램에서 변수의 지정 값 오류	지정 값 확인
135	주축 오리엔테이션 없이 주축선택	주축 오리엔테이션
141	공구보정 실행 중 G51이 지령	G51 삭제

(4) SERVO 알람

번호	내 용	조 치
400	Over Load 신호가 ON임	OFF로 함
401	속도 제어의 릴레이 신호가 OFF	ON으로 함
405	위치제어계의 이상, 원점복귀이상	수동원점복귀 실시
410	X축 정지 중 위치편차 량의 값이 설정치보다 큼	값을 재설정
413	X축의 오차량이 이상	설정값 확인
416	X축 단선	X축 확인
420	Z축 정지 중 위치편차 량의 값이 설정치보다 큼	값을 재설정
433	Z축의 오차량이 이상	설정값 확인
436	Z축 단선	X축 확인

(5) CNC의 상태 표시 : 진단(DGNOS) 기능

0700		설정값이 "1" 일 때 의미					
	CSCT	CITL	COVZ	CINP	CDWL	CMTN	CFIN
7	6	5	4	3	2	1	0

CFIN: M, S, T 기능을 실행 중

CMTN: 자동 운전에서 이동 지령을 실행 중

CDWL: 드웰(Dwell)을 실행 중

CINP: Inposi!ion Check를 하고 있음

COVZ: 이송 배율이 0%

CITL: 인터록 신호가 ON

CSCT: 주축의 속도 도달 신호가 ON되기를 기다림

0712		자동 운전 정지, 자동 운전 휴지의 정보					
STP	REST	EMS		RSTB			CSU
7	6	5	4	3	2	1	0

CSU: 비상정지 ON 되었을 경우 서보 얼람이 발생한 경우

RSTB: Reset 버튼이 ON되었을 경우

EMS: 비상 정지가 ON되었을 경우

REST: 외부 리셋, 비상정지, 리셋 버튼이 ON되면 설정

STB: 펄스 분배를 정지시키는 경우 실행

721~723		Digital Servo Alarm(X, Y, Z축)					
OVL	LV	OVC	HCAL	HVAL	DCAL	FBAL	OFAL
7	6	5	4	3	2	1	0

OFAL: Overflow 얼람이 발생

FBAL: 단선 얼람이 발생

DCAL: 회생 방전 회로 얼람이 발생

HVAL: 과전압 얼람이 발생

HCAL: 이상 전류 얼람이 발생

OVC: 과전류 얼람이 발생

LA: 전압 부족 얼람이 발생

OVL: Over Load 얼람이 발생

(6) Over Travel 알람

번호	내 용	조 치
510	X축 +축의 Stroke Limit를 넘음	-로 축 이송
511	X축 -축의 Stroke Limit를 넘음	+로 축 이송
512	X축 +축의 제2 Stroke Limit를 넘음	-로 축 이송
513	X축 -축의 제2 Stroke Limit를 넘음	+로 축 이송
514	X축 +축의 Hard 0T를 넘음(M의 경우)	-로 축 이송
515	X축 -축의 Hard 0T를 넘음(M의 경우)	+로 축 이송
520	Y(M)축 또는 Z(T) 축의 +축의 Stroke Limit를 넘음	-로 축 이송
521	Y(M)축 또는 Z(T) 축의 -축의 Stroke Limit를 넘음	+로 축 이송
522	Y(M)축 또는 Z(T) 축의 +축의 제2 Stroke Limit를 넘음	-로 축 이송
523	Y(M)축 또는 Z(T) 축의 -축의 제2 Stroke Limit를 넘음	+로 축 이송
524	Y축 +축의 Hard 0T를 넘음(M의 경우)	-로 축 이송

번호	내 용	조 치
525	Y축 -축의 Hard 0T를 넘음(M의 경우)	+로 축 이송
530	X축 +축의 Stroke Limit를 넘음(M의 경우)	-로 축 이송
531	X축 -축의 Stroke Limit를 넘음(M의 경우)	+로 축 이송
532	X축 +축의 제2 Stroke Limit를 넘음(M의 경우)	-로 축 이송
533	X축 -축의 제2 Stroke Limit를 넘음(M의 경우)	+로 축 이송
534	Z축 +축의 Hard 0T를 넘음(M의 경우)	-로 축 이송
535	Z축 -축의 Hard 0T를 넘음(M의 경우)	+로 축 이송
540	제4축의 +축 Stroke Limit를 넘음(M의 경우)	-로 축 이송
541	제4축의 -축 Stroke Limit를 넘음(M의 경우)	+로 축 이송
570	제7축의 +축 Stroke Limit를 넘음	-로 축 이송
571	제7축의 -축 Stroke Limit를 넘음	+로 축 이송
580	제8축의 +축 Stroke Limit를 넘음	-로 축 이송
581	제8축의 -축 Stroke Limit를 넘음	+로 축 이송
700	Master P.C.B 판의 Over Heat	-로 축 이송
701	주축변동 검출에 의한 Spindle의 Over Heat	원인 찾아 조치
950	퓨즈 단선 얼람임(+24E:FX14의 퓨즈 교환)	퓨즈 교환

바. 공작기계의 일상점검

(1) 조의 종류

① 하드 조(Hard Jaw)

열처리된 조로써 보통 막깎기 가공용으로 사용.

가공(성형)할 수 없음

정밀하고 청결하게 관리하여 장착하면 0.02 정도의 동심도 가능.

② 소프트 조(Soft Jaw)

연질의 조로써 보통 S45C의 재질을 사용.

2차 가공시 공작물의 찍힘 방지 나 동심도, 직각도를 좋게 함.

조를 가공하여 사용.

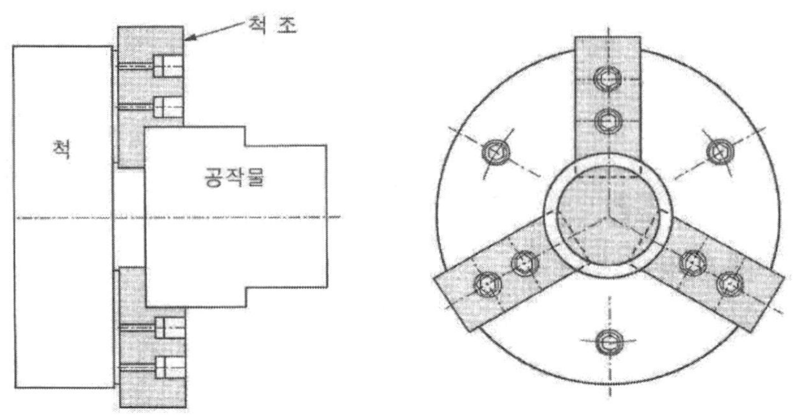

조에 공직물의 고정

(2) **척 조의 장착시 주의사항**

① 베이스 조의 번호에 맞게 조를 부착(가공 후에는 반드시 미리 베이스 조에 맞도록 번호를 붙임)

② 조 체결시는 조 세레이션 부분을 청결하게 세척한 후 볼트 고정압력을 일정하게 한다.

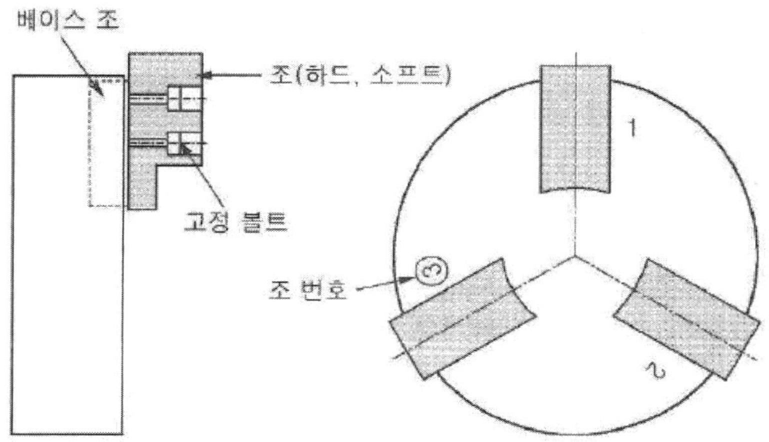

(3) 척 압력

① 공작물을 척에 고정시킬 때 가장 중요한 것은 척 압력이다.

② 공작물의 중량과 가공 부하 빛 재질, 물림량 등에 따라 큰 차이가 있음

③ 조건들이 맞지 않을 때 공작물의 표면에 흠집이나 찌그러짐(타원)과 공작물이 조에서 이탈되는 등의 치명적인 사고가 발생

(4) 척 압력의 결정 조건

① 공작물의 재질(강도)

② 물림 부위의 폭과 두께

③ 심압대를 지지할 때와 지지하지 않을 때

④ 주축 회전속도와 절입량, 이송속도(황삭, 중삭, 정삭 등)

(5) 척의 파지력

① 유압척은 주축이 고속으로 회전을 하면 파지력(공작물의 척킹 힘)이 떨어짐(원심력 때문에 조가 바깥쪽으로 튀어 나가기 때문에 발생)

② 이 같은 현상을 줄이기 위해서는 필요 이상의 고속회전을 사용하지 말고 조의 무게를 작게 하는 것이 좋음

③ 최근에는 고속 회전시 발생하는 파지릭이 줄어드는 문제점을 보완한 척도 판매

(6) 핸들을 이용한 가공

① 적당한 크기의 보조링을 끼운다.

② 핸들(MPG) Mode를 선택하고 X, Z축을 이 동하여 상대좌표를 보면서 물림부위의 직경치수와 길이를 정확하게 가공

③ 가능한 가공 후의 소프트 조 치수와 공작물 물림부의 치수를 일치하게 하는 것이 중요

(7) **소프트 조의 가공 목적**

① 공작물의 표면에 흠집과 동심도 및 공작물의 찌그러짐을 방지

② 공작물의 물림부위 직경치수와 소프트 조의 가공한 내경치수가 동일하게 가공되어야 함

③ 공작물의 가공 후 정밀도는 조 장착시 고정 볼트의 고정 방법 및 보조링을 끼워서 가공할 때 척 압력과 공작물의 물림부위의 직경이 통일하게 가공되었는지 상태에 밀접한 관계

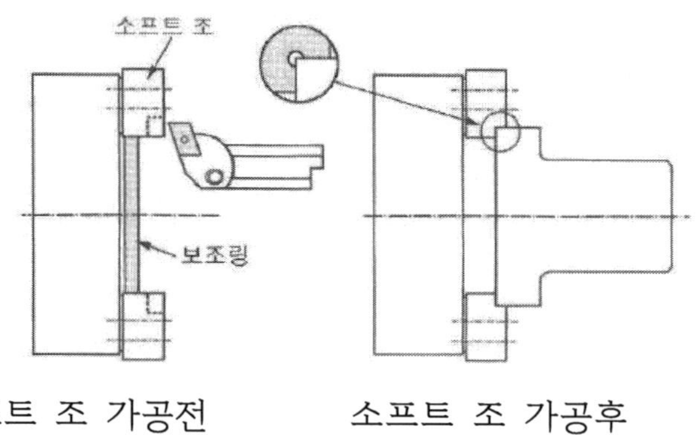

소프트 조 가공전　　　소프트 조 가공후

※ 현장에서 가장 많이 사용하는 방법으로 가공 후 조 내경이 공작물의 직경과 일치하지 않아 공작물에 약간의 흠집이 생김.

① 내경을 작게 가공하는 경우

- 외경에 흠집이 여섯 군데 발생
- 공작물 표면에 작은 흠집이 있어도 무방한 제품일 때 사용

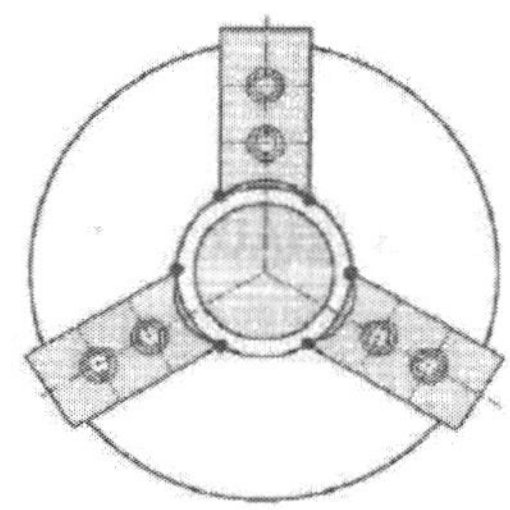

내경이 작은 경우

② 내경을 크게 가공한 경우

- 공작물의 접촉점이 세곡이 되면서 파지력이 약해짐
- 고속 회전시 공작물이 튀어 나오기 쉬움

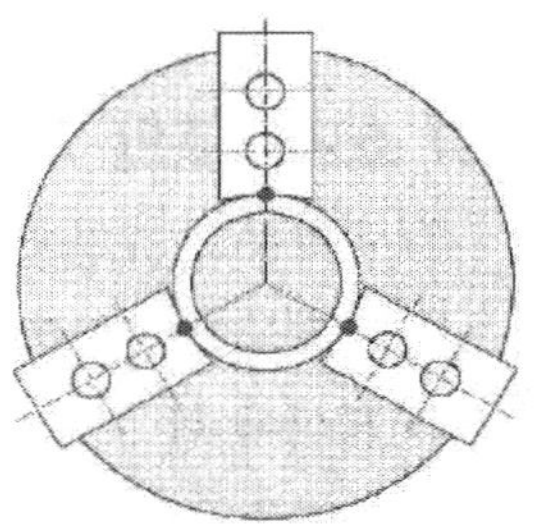

내경이 큰 경우

(8) **프로그램을 이용한 가공**

① 적당한 크기의 보조링을 끼운다.

② 편집(EDIT) Mode에서 프로그램을 작성(소프트 조 가공 프로그램은 별도관리
(예 08000) 하고, 조를 가공할 때는 08000번의 프로그램을 호출하여 (일부분 수정)사용

③ 조 가공용 공구를 좌표계 설정 및 Offset 함

④ 일반적으로 조 가공용 공구는 별도 관리하는 것이 좋고, 공구 Offset 량이 없는 상대(X0. Z0.)에서 기준공구로 생각하고 보조링의 직경과 동일하고 조의 단변과 일치한 위치에서 반자동(MDI) Mode를 선택하고 좌표계 설정(G50 X32.4 Z0.;)을 함.

⑤ 소프트 조 외측을 가공할 때논 외측에 보조링을 끼우고 조의 외측을 가공, C가공 방법은 내측 조 가공과 동일)

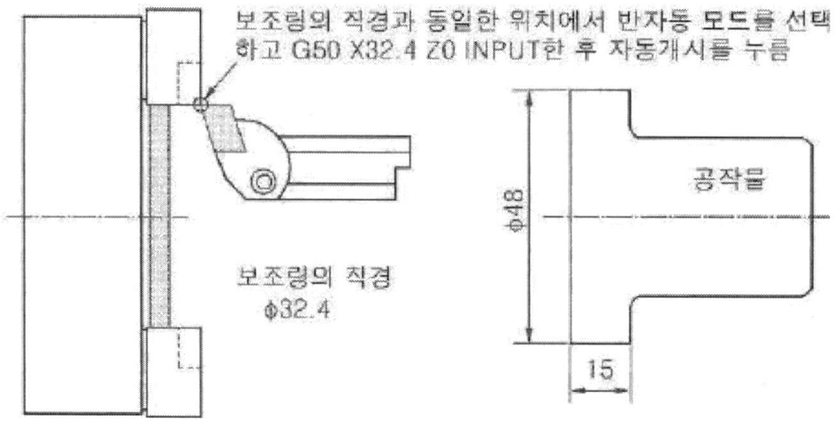

프로그램을 이용한 가공

(9) 자동(AUTO) Mode에서 조 가공 실행 프로그램 내용

① 단일형 고정 CYCLE 방법

```
O8000 ;
G28 U0 W0 ;
G50 X150. Z100. S2000 T0900 ;
G96 S120 M03 ;
X30. 22. T0909 M08 ;
G90 X33. Z-9.95 F0.2 ; (막깎기 가공)
X36. ;
X39. ;
X42. ;
X45. ;
X47.6 ;
G00 X28. Z-10. ;
G01 X48.4 F0.1 ; (단면 다듬질 가공)
G00 X47. ;
Z2. ;
```

```
X48. ;
G01 Z-10. ; (내경 다듬질 가공)
G00 U-1.25 M09 ;
X150. Z100. T0900 ;
M05 ;
M02 ;
```

② 복합형 고정 Cycle 방법

```
O8000;
G40 ;
G28 U0 W0 ;
G50 X150. 2100. S2000 T0900 ;
G96 S120 M03 ; f
X30. Z2. T0909 M08 ;
G71 U1.5 R0.5 ;
G71 P1 Q2 U-0.4 W0.05 F0.2 ; (막깎기 가공)
N1 G00 X48. ;
N2 G01 Z-10. ;
G00 Z- 10. ;
G01 X48.4 F0.1 ;
G00 X47. ;
Z2. ;
X48. ;
G01 Z-10. F0.15 ;
G00 U- 1. Z5. M09 ;
X150. Z100. T0900 ;
M05 ;
M02 ;
```

CNC 선반 프로그래밍 및 가공

저 자 | 최하영 著

발행처 | 에듀컨텐츠휴피아
발행인 | 李 相 烈
발행일 | 초판 1쇄 • 2017년 10월 30일

출판등록 | 제22-682호 (2002년 1월 9일)
주 소 | 서울 광진구 자양로 30길 79
전 화 | (02) 443-6366
팩 스 | (02) 443-6376
e-mail | huepia@daum.net
web | http://cafe.naver.com/eduhuepia
만든사람들 | 기획 • 김수아 / 책임편집 • 이지원 김연경 유현주 황혜영
디자인 • 김미나 / 영업 • 이순우

정 가 | 15,000원
ISBN | 978-89-6356-195-0 (93550)

[도서검색 QR코드]